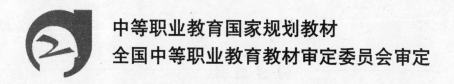

中等职业教育国家规划教材
全国中等职业教育教材审定委员会审定

单元机组运行
（第二版）

主　　编　杨　飞
编　　写　石　平　何　鹏
责任主审　孙保民
审　　稿　朱　萍　孙海波

中国电力出版社
CHINA ELECTRIC POWER PRESS

内 容 提 要

本书是中等职业教育国家规划教材,是根据中国电力企业联合会教育培训部和电力中等职业学校动力类专业教学委员会组织审定的教学大纲进行编写的。

全书内容有五个部分:绪论、单元机组的启动和停运、单元机组的运行调整、单元机组的控制与保护、单元机组典型事故分析及处理原则。绪论简述了单元机组的构成特点和集控运行的概念,介绍了单元机组运行管理的制度与组织;单元机组的启动和停运主要讲述配置自然循环锅炉和直流锅炉的单元机组的冷、热态启动和停运;单元机组的运行调整介绍了单元机组的运行监视、运行调节、运行维护以及变压运行;单元机组的控制与保护介绍了单元机组的负荷调节方式,单元机组负荷调节系统以及运行方式的控制,并从操作的角度对汽轮机数字电液调节系统、锅炉燃烧管理系统、机组旁路系统等进行了描述,简述了单元机组的各种安全保护方式;单元机组事故处理叙述了单元机组事故特点和处理原则,并且重点分析了几个单元机组事故案例。

本书既可作为电力中等专业学校、电力中等技术学校电厂集控运行专业、电厂热能动力专业的教材,也可作为电厂生产人员的培训教材。

图书在版编目(CIP)数据

单元机组运行/杨飞主编 . —2 版 . —北京:中国电力出版社,2006.8(2019.8 重印)

中等职业教育国家规划教材

ISBN 978-7-5083-4460-7

Ⅰ. 单… Ⅱ. 杨… Ⅲ. 火电厂-单元机组-电力系统运行-专业学校-教材 Ⅳ. TM621.3

中国版本图书馆 CIP 数据核字(2006)第 062489 号

中国电力出版社出版、发行

(北京市东城区北京站西街 19 号 100005 http://www.cepp.sgcc.com.cn)

三河市百盛印装有限公司印刷

各地新华书店经售

*

2002 年 1 月第一版

2006 年 8 月第二版 2019 年 8 月北京第十三次印刷

787 毫米×1092 毫米 16 开本 9 印张 212 千字

定价 28.00 元

电力中等职业教育国家规划教材

编 委 会

中等职业教育国家规划教材
出版说明

为了贯彻《中共中央国务院关于深化教育改革全面推进素质教育的决定》精神，落实《面向 21 世纪教育振兴行动计划》中提出的职业教育课程改革和教材建设规划，根据教育部关于《中等职业教育国家规划教材申报、立项及管理意见》（教职成 [2001] 1 号）的精神，我们组织力量对实现中等职业教育培养目标和保证基本教学规格起保障作用的德育课程、文化基础课程、专业技术基础课程和 80 个重点建设专业主干课程的教材进行了规划和编写，从 2001 年秋季开学起，国家规划教材将陆续提供给各类中等职业学校选用。

国家规划教材是根据教育部最新颁布的德育课程、文化基础课程、专业技术基础课程和 80 个重点建设专业主干课程的教学大纲（课程教学基本要求）编写的，并经全国中等职业教育教材审定委员会审定。新教材全面贯彻素质教育思想，从社会发展对高素质劳动者和中初级专门人才需要的实际出发，注重对学生的创新精神和实践能力的培养。新教材在理论体系、组织结构和阐述方法等方面均作了一些新的尝试。新教材实行一纲多本，努力为教材选用提供比较和选择，满足不同学制、不同专业和不同办学条件的教学需要。

希望各地、各部门积极推广和选用国家规划教材，并在使用过程中，注意总结经验，及时提出修改意见和建议，使之不断完善和提高。

教育部职业教育与成人教育司

二〇〇一年十月

前　言

《单元机组运行》是教育部 80 个重点建设专业主干课程之一，是根据教育部最新颁布的中等职业学校电厂热力设备运行专业"单元机组运行"课程教学大纲编写的。

本书以培养学生的创新精神和实践能力为重点，以培养在生产、服务、技术和管理第一线工作的高素质劳动者和中初级专门人才为目标。教材的内容适应劳动就业、教育发展和构建人才成长"立交桥"的需要，使学生通过学习具有综合职业能力、继续学习的能力和适应职业变化的能力。

本书第一版发行后，经多次重印，读者反映良好，但经过 5 年时间，材料已显陈旧。此次在出版社支持下，保持原书整体结构大体不变，更新了相应资料。

本书由北京交通大学杨飞主编（编写绪论和单元三），江西电力职业技术学院石平（编写单元一），合肥电力职业技术学院何鹏（编写单元二和单元四）参编。

本书可作为中等职业学校（普通中专、成人中专、技工学校、职业高中）教材，也可作为职工培训用书或供热力工程和有关专业的技术人员参考。

限于作者的水平和实践经验，书中难免出现不当之处，在此恳请广大读者批评指正。

编　者

2006 年 5 月

第 一 版 前 言

　　《单元机组运行》是电力中等专业学校、电力中等技术学校电厂热能动力专业、电厂集控运行专业（四年制）教材，是根据中国电力企业联合会教育培训部和中等职业学校动力类专业教学委员会组织审定的教学大纲进行编写的。

　　本书在编写过程中努力贯彻以能力为本位的思想，增强了实践知识内容的份量。全书共包括 5 个部分：绪论、单元一（单元机组的启动和停运）、单元二（单元机组的运行调整）、单元三（单元机组的控制与保护）、单元四（单元机组事故处理）。本书以国产 300MW 自然循环汽包锅炉机组为主，尽可能引入最新的技术知识，以反映我国电力工业单元机组运行方面的先进水平。

　　本书由北方交通大学杨飞主编，并编写绪论和单元三；江西电力工业学校石平编写单元一；合肥电力工业学校何鹏编写单元二和单元四。山东电力学校彭德振担任本书主审。

　　本书在编写过程中，得到中国电力企业联合会中专动力类专业教学研究会、中国电力出版社以及各个方面的领导、老师的支持和帮助，在此特别表示感谢。

　　限于作者的水平和实践经验，书中难免出现错误和不当之处，在此恳请广大读者批评指正。

编　者

2001 年 8 月

目　　录

中等职业教育国家规划教材出版说明

前言

第一版前言

绪论 ………………………………………………………………… 1

　　一、单元机组的构成和特点 …………………………………… 1

　　二、单元机组集控运行的概念和内容 ………………………… 2

　　三、单元机组运行管理的制度与组织 ………………………… 2

　　小结 ……………………………………………………………… 5

　　习题 ……………………………………………………………… 5

　　上机操作 ………………………………………………………… 5

单元一　单元机组的启动和停运 ………………………………… 6

　课题一　单元机组启、停变工况时锅炉、汽轮机的热状态 …… 6

　　一、概述 ………………………………………………………… 6

　　二、锅炉的热状态及热应力 …………………………………… 6

　　三、汽轮机主要零部件的热应力、热膨胀和热变形 ………… 8

　课题二　单元机组启动和停运方式 …………………………… 13

　　一、单元机组的启动方式 ……………………………………… 13

　　二、单元机组的停运方式 ……………………………………… 16

　　三、滑参数启停方式的主要优点 ……………………………… 17

　课题三　汽包炉单元机组启动 ………………………………… 18

　　一、自然循环锅炉单元机组冷态启动 ………………………… 18

　　二、强制循环锅炉单元机组冷态启动的特点 ………………… 25

　　三、汽包炉单元机组的热态启动 ……………………………… 27

　课题四　直流锅炉单元机组的启动 …………………………… 32

　　一、直流锅炉单元机组启动特点 ……………………………… 32

　　二、冷态滑参数启动程序 ……………………………………… 36

　课题五　单元机组的停运 ……………………………………… 40

　　一、额定参数停机 ……………………………………………… 40

　　二、滑参数停机 ………………………………………………… 43

　　三、紧急停机 …………………………………………………… 46

　　四、停机后的保养 ……………………………………………… 47

　　小结 ……………………………………………………………… 48

　　习题 ……………………………………………………………… 48

　　上机操作 ………………………………………………………… 49

单元二 单元机组的运行调整 ……………………………………………………………… 50

  课题一 单元机组参数调节 ……………………………………………………… 50

   一、汽包锅炉的运行调节 ……………………………………………………… 50

   二、直流锅炉的运行调整 ……………………………………………………… 57

  课题二 单元机组运行监视 ……………………………………………………… 59

   一、主蒸汽压力的监视 ………………………………………………………… 59

   二、主蒸汽温度的监视 ………………………………………………………… 61

   三、再热蒸汽温度的监视 ……………………………………………………… 63

   四、凝汽器真空的监视 ………………………………………………………… 63

   五、汽轮机常规监督 …………………………………………………………… 64

   六、发电机、主变压器的监视和维护 ………………………………………… 65

  课题三 单元机组的调峰运行 …………………………………………………… 70

   一、单元机组调峰运行的方式 ………………………………………………… 70

   二、变负荷调峰运行 …………………………………………………………… 70

   三、单元机组带厂用电运行 …………………………………………………… 74

   四、除氧器的变压运行 ………………………………………………………… 74

   五、切除部分高压加热器时汽轮机的运行 …………………………………… 75

  课题四 单元机组的经济运行 …………………………………………………… 76

   一、单元机组的经济指标 ……………………………………………………… 76

   二、提高单元机组的经济性的主要措施 ……………………………………… 77

   小结 ……………………………………………………………………………… 78

   习题 ……………………………………………………………………………… 78

   上机操作 ………………………………………………………………………… 78

单元三 单元机组的控制与保护 ………………………………………………………… 79

  课题一 单元机组的负荷调节方式 ……………………………………………… 80

   一、单元机组负荷调节方式的种类 …………………………………………… 80

   二、单元机组负荷调节方式的特点 …………………………………………… 80

  课题二 单元机组负荷控制系统 ………………………………………………… 81

   一、负荷控制系统的组成及各部分的主要功能 ……………………………… 81

   二、协调控制系统的基本类型 ………………………………………………… 82

   三、负荷管理控制中心的运行分析 …………………………………………… 82

   四、锅炉主控器操作分析 ……………………………………………………… 84

  课题三 单元机组的运行控制方式 ……………………………………………… 85

   一、基础方式（BASE MODE） ……………………………………………… 86

   二、汽轮机跟随方式（TF MODE） ………………………………………… 86

   三、锅炉跟随方式（BF MODE） …………………………………………… 86

   四、协调控制方式（CCS MODE） ………………………………………… 87

   五、旁路方式（BY PASS MODE） ………………………………………… 87

  课题四 汽轮机数字电液控制系统（DEH） …………………………………… 87

   一、数字电液控制系统（DEH）的功能 …………………………………… 87

   二、数字电液控制系统（DEH）的操作 …………………………………… 88

  课题五 锅炉燃烧器管理系统（BMS） ………………………………………… 90

   一、燃烧器管理系统（BMS）的主要功能 ………………………………… 90

二、燃烧器管理系统（BMS）的控制区 ·················· 91

三、燃烧器管理系统（BMS）的操作 ·················· 91

课题六 机组旁路控制系统（BPS） ·················· 93

一、旁路控制系统的组成和作用 ·················· 93

二、旁路控制系统（BPS）的设置 ·················· 93

三、旁路系统的运行 ·················· 94

课题七 单元机组的安全保护 ·················· 95

一、典型锅炉保护 ·················· 95

二、典型汽轮机保护 ·················· 97

三、发电机-变压器组保护 ·················· 99

四、单元机组的连锁保护 ·················· 99

小结 ·················· 100

习题 ·················· 101

上机操作 ·················· 101

单元四 单元机组事故处理 ·················· 102

课题一 单元机组事故特点及处理原则 ·················· 102

一、影响火电机组可用率（系数）的因素 ·················· 102

二、单元机组的事故特点 ·················· 103

三、单元机组的事故处理原则 ·················· 104

课题二 单元机组的事故及其处理 ·················· 105

一、锅炉典型事故及处理 ·················· 105

二、汽轮机典型事故及处理 ·················· 110

三、热控装置故障及预防 ·················· 119

四、发电机-变压器组主要故障及处理 ·················· 120

五、厂用电故障及处理 ·················· 122

课题三 电力系统事故对单元机组运行的影响及处理方法 ·················· 124

课题四 单元机组事故案例 ·················· 126

一、锅炉缺水事故 ·················· 126

二、锅炉后屏超温爆管事故 ·················· 127

三、汽轮机大轴永久变形事故 ·················· 127

四、汽轮机烧瓦事故 ·················· 128

五、发电机定子接地事故 ·················· 128

六、发电机失磁事故 ·················· 128

七、变压器内短路事故 ·················· 129

八、MFT事故 ·················· 130

小结 ·················· 130

习题 ·················· 131

上机操作 ·················· 131

参考文献 ·················· 132

绪　论

教学目的

　　了解单元机组的构成特点和集控运行的概念以及单元机组运行管理的有关知识。

一、单元机组的构成和特点

　　随着电力需求的不断增长、科学技术的不断进步和对机组经济性要求的不断提高，大容量、高参数、高自动化技术的大机组已经成为我国电力工业发展的主要特点。

（一）单元机组的构成

　　现代化大型火力发电厂，为了使机组获得比较高的经济性，对于大容量机组，均采用蒸汽中间再热方式。该种方式要求蒸汽在汽轮机高压缸做功以后，返回锅炉加热，而后又送入汽轮机中、低压缸继续做功。这样一来，当几台汽轮机承担的负荷不完全一致的时候，要求各台锅炉提供的蒸汽初参数和再热蒸汽参数完全一致是非常困难的。于是出现了单元机组，即由一台锅炉配合一台汽轮机、一台发电机和主变压器构成纵向联系的独立单元。每个单元发出的电功率直接送到变电所的母线，各个单元之间没有大的横向联系（各个单元之间有公用蒸汽系统作机组启动、停运等用）。在正常运行的时候，本单元所需要的蒸汽和厂用电均取自本单元。这种独立单元系统

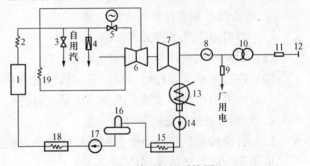

图 0-1　单元机组系统图

1—锅炉；2—过热器；3—阀门；4—减压阀；5—电动主汽阀；
6—汽轮机高、中压缸；7—汽轮机低压缸；8—发电机；
9—厂用电开关设备；10—升压变压器；11—发电机开关设备；
12—母线；13—凝汽器；14—凝结水泵；15—低压加热器；
16—除氧器；17—给水泵；18—高压加热器；19—再热器

的机组称为单元机组。非再热机组也可以采用单元制系统，构成单元机组。典型单元机组系统见图 0-1。

（二）单元机组的特点

　　与非单元机组（一般指母管制系统）相比，单元机组系统简单，具有蒸汽管道比较短、阀门和管道附件比较少、发电机母线短等特点，从而使得单元机组投资少、操作简单、系统事故发生机会减少，同时也使得单元机组可以比较好地进行滑参数运行和滑参数启、停。另外，单元机组也便于锅炉、汽轮机、发电机的集中控制和运行。

　　与非单元制系统机组相比，单元制机组的灵活性相对比较差，即在单元机组中任何一台主要设备停运或者主要辅助设备故障导致主要设备停运时，都可能引起整套单元机组停运，相邻单元机组之间不能互相切换、互相支援。

二、单元机组集控运行的概念和内容

(一) 单元机组集控运行的概念

在单元机组中，锅炉、汽轮机、发电机以及相关辅助设备的联系非常紧密，因此在单元机组的运行中，必须把炉、机、电看成一个整体来进行监视和控制。在实际设计上，通常将炉、机、电的主机、相关辅机、相关系统的各个运行参数及各种控制手段集中在一个控制室内，使得对单元机组的运行操作、控制和监视可以在一个控制室内进行，该控制室称为集中控制室或者单元控制室。此种运行方式称为单元机组集控运行。

集控运行的控制对象一般包括锅炉及其燃料供应系统、汽轮机及其冷却系统、给水除氧系统、抽汽回热加热系统、凝结水系统、润滑油系统、发电机-变压器组系统、厂用电系统等。各个单元机组的公用系统，如循环水系统、水处理系统、燃料运输系统、灰渣处理和输运系统、烟气处理系统等仍然采用就地监视和控制的方式。

单元机组集中控制可以协调各个设备的运行，使得各个设备能够比较好地互相适应，从而使得整套机组的安全性、经济性都比机组分控要高。由于单元机组集控运行要求响应迅速，涉及专业面广，需要不断使用先进的控制技术，因而，要求集控运行人员在热能动力、发电和自动控制等各个专业方面有更高的技术水平。

(二) 单元机组集控运行的内容

1. 单元机组集中控制运行的内容

(1) 对机组实现各种方式的启动。

(2) 对机组实现各种方式的停运。

(3) 在机组正常运行时，·对设备参数进行调整。

(4) 在机组出现异常情况或者出现事故时进行及时处理。

2. 集中控制系统应该具有的功能

(1) 自动检测。自动地检查和测量反映单元机组运行情况的各种参数和工作状态，监视单元机组运行的生产情况和趋势。

(2) 自动调节。自动维持单元机组在规定的工况下安全和经济地运行。

(3) 程序控制。根据预先拟订的步骤和条件，自动地对机组进行一系列的操作。

(4) 自动保护。当机组运行发生异常情况或者参数超过允许值时，及时发出警报或者进行必要的动作，以避免发生设备事故和危及人身安全。

三、单元机组运行管理的制度与组织

(一) 运行管理制度

为了保证单元机组的安全、经济运行，电力行业对于单元机组集控运行制定了许多行之有效的管理制度。

1. 交接班制度

交接班制度是保证交班、接班不出现漏洞，以及保证安全发电的重要制度。交接班制度包括班前会、班后会和各个岗位的交接等内容。

2. 巡回检查制度

巡回检查是发现设备隐患、消灭隐性事故、保证设备安全的重要措施。根据巡回检查制度的要求，运行人员在值班期间，应该按照岗位分工的不同，定时地对设备按照固定巡回检查路线进行检查，巡回检查中要按照设备情况的变化有不同的检查重点。

3. 设备定期试验和轮换制度

定期进行设备检查、记录、试验、保养是使设备经常在良好的状态下运行和有效备用的重要措施。对于各种应该列入试验、轮换的设备和系统，试验和轮换的周期，以及执行人、监护人等都应该作出具体规定，在运行中保证执行，执行中要作好事故预想和安全对策。

4. 工作票及设备验收制度

工作票是准许在设备上进行工作的书面命令卡。工作票是明确安全责任，向执行工作的人员进行安全交底，以及履行工作许可手续，工作间断、转移和终结手续，并且实施保证安全技术措施的书面依据。因此，在运行人员管理的设备上进行检修工作，都要办理工作票（事故处理和事故抢修除外），严禁无票作业。运行设备检修完成后，应由检修人员先进行检查，合格后再由运行人员验收，质量不合格应该返修，直至合格。

5. 操作票联系制度

操作票是依据生产计划和上级调度的综合命令，为设备运行和作业安全措施而事先写好的工作程序卡，是保证安全操作具有程序性的操作命令，是避免发生事故的一项组织措施。操作票的填写和执行必须严格遵守《电业安全工作规程》的有关规定，认真填票，确定操作人和监护人，操作时按照操作票步骤逐条进行。

6. 岗位责任制

发电厂根据岗位特点、设备状况、工作量大小划分为不同的运行岗位，根据不同岗位制定相应制度，使每个运行人员清楚本岗位职责，提高工作效率。岗位责任制的内容一般包括岗位职责、工作标准和任职条件。

7. 电网调度管理条例

电网运行实行统一调度、分级管理（见图 0-2），认真执行《电网调度管理条件》是保障电网安全、保护用户利益、适应经济建设的重要措施。《电网调度管理条件》由国务院令发布。

《电网调度管理条件》规定：发电厂必须按照调度机构下达的调度计划和规定的电压范围运行，并且根据调度命令调整功率和电压；发电、供电设备的检修应当服从调度机构的统一安排；任何人不得操作调度机构管辖范围内的设备，但是当电网运行遇有危及人身及设备安全情况时，值班人员可以按照有关规定处理，处理后应立即报告有关调度机构。

设备检修申请应按照设备管理范围申报，锅炉、汽轮机、发电机、主变压器、高压母线、负荷开关等直接影响发电出力的设备归电网管理。

8. 运行规程和临时措施

发电厂运行规程是发电厂运行方面的权威性技术文件，是保证设备安全经济运行的重要规章制度。运行规程由厂发电部有关专业工程师负责，由具有丰富运行经验的工人参加，参照《电力工业技术管理法规》，电力行业颁布的各个专业典型运行规程、安全规程、制造和设计资料、设备特性等有关资料，根据现场具体条件编写。规程由发电厂有关专业专责工程师审查，由总工程师批准公布。全体运行人员在运行工作中应该随时注意规程的正确性，发现问题应该及时向专责工程师、总工程师汇报。专责工程师应做好记录，作为修订规程时的参考依据。对于规程的重要临时修改，应由厂总工程师批准，并作为运行规程的临时条文执行。运行规程一般包括以下内容：

（1）机组技术规范；

（2）机组启动；

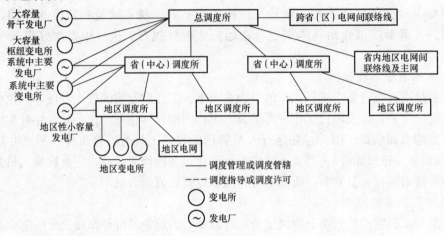

图 0-2 调度分级管理示意图

（3）机组正常运行与参数调整；

（4）机组停止；

（5）机组事故处理；

（6）定期工作、保护和连锁。

9. 运行分析制度

运行分析制度能够促进运行人员和各级生产管理人员掌握设备性能及其运行规律，是保证机组安全经济运行的重要措施。运行分析工作一般分为岗位分析、定期分析、专题分析和异常（事故）分析四种。

10. 安全规程和管理制度

《电业安全工作规程》（简称《安规》）是电力行业法规之一，必须严格遵守。凡是从事发、供电的电业职工必须学习《安规》，并且定期考试。凡是担任独立工作的人员，必须考试合格。新参加工作的人员和调动到新岗位的人员，在开始工作前必须学习《安规》有关部分，并且应考试合格。实习人员、临时工等必须经过安全知识教育后，方可下现场随同参加指定工作，但不得独立工作。

《安规》包含的内容有总则、工作票制度、各类设备的运行和维护（安全方面）、各类设备的检修（安全方面）以及其他工作。

11. 事故调查规程

在电业生产（包括电厂运行）中发生的事故，依照事故性质的严重程度及经济损失大小分为特别重大事故、重大事故、一般事故几类。事故调查和考核依照《电业生产事故调查规程》进行。电力生产中发生各类事故后，必须按照"四不放过"原则认真对待，即：事故原因未查清不放过，责任人员未处理不放过，整改措施未落实不放过，有关人员未受到教育不放过。

12. 其他有关运行的制度

这些制度包括节能工作制度、培训管理制度、燃料管理制度、用水管理制度、消防系统管理制度、环保工作管理制度、五项技术监督管理制度等。

13. 设备管理

发电厂设备管理的任务就是保证设备在计划发电期限内做到安全、稳定、可靠、不间断地连续发电。设备管理的相关制度如下：

（1）点检定修制。点检定修制是以点检人员为责任主体的全员设备检修管理制度，以期使设备在可靠性、维护性、经济性上达到协调优化管理。在点检定修制中，点检人员既要负责设备点检，又要负责设备全过程管理。点检、运行、检修三方面，点检处于核心地位。

（2）状态检修。状态检修是在设备状态评价的基础上，根据设备的状态和分析诊断结果安排检修时间和项目，并主动实施的检修方式。

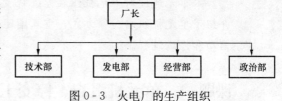

图 0-3　火电厂的生产组织

（二）火力发电厂的生产组织

火力发电厂的生产指挥系统因工厂的规模不同，机组容量、特性不同，自动控制水平不同而有相当的差异。目前，大型火力发电厂多采用事业部方式，如图 0-3 所示。

小　　结

单元机组具有系统简单、事故发生概率小、经济性好的优点，在大容量机组中被采用有其必然性。单元机组集控运行具有更高的安全性和经济性。为了保证单元机组集控运行的正常，应该具有完善的运行管理制度，并确实实行电力行业有关火电厂运行的各种规章制度。

习　　题

1. 何为单元机组集控运行，集控运行的主要内容是什么？
2. 单元机组主要的运行管理制度有哪些？
3. 火电厂的生产组织形式是什么？

上　机　操　作

参观单元机组模型、仿真机，并且到火电厂参观单元机组。

单元机组的启动和停运

内容提要

本单元通过对单元机组在启、停变工况时锅炉、汽轮机热状态的分析，介绍了单元机组启、停方式，重点阐述了配汽包锅炉和直流锅炉的单元机组启动和停运过程。

课题一 单元机组启、停变工况时锅炉、汽轮机的热状态

教学目的

掌握单元机组启、停变工况时的热状态。

一、概述

单元机组启动是指从锅炉点火、升温升压、暖管到当锅炉出口蒸汽参数达到要求开始冲转汽轮机，汽轮机由静止状态升速直到额定转速，发电机并网带初负荷直至逐渐带到额定负荷的全过程。停运过程是启动的逆过程，是指机组从带负荷运行状态减负荷，直到负荷减到一定数值后机组解列，汽轮机打闸，锅炉熄火，汽轮机发电机组惰走停转及盘车、锅炉降压和机炉冷却等全过程。

单元机组启、停的实质是冷热态的转变过程。在机组启、停过程中，锅炉、汽轮机各部件与工质温度不断变化，是一个不稳定的过程。启、停工况极为复杂，各部件的温度和承受的压力在启、停过程中变化很大，因此会产生热应力、热变形和热膨胀，特别是大容量高参数单元机组，由于体积庞大、结构复杂，它们的各个部件，如锅炉汽包、各受热面、汽缸、转子、法兰等所处条件不同，火焰及工质对它们的加热或冷却速度不同，因而各部件之间或部件本身沿金属壁厚方向产生明显的温差而导致膨胀或收缩不均，产生热应力，当热应力超过允许的极限时，会使部件产生裂纹乃至损坏。由于汽轮机的"质面比（质量与面积之比）"大，又带有高速旋转的转子，因而在汽缸和转子之间易出现膨胀差（即胀差），使汽轮机本来很小的动静间隙进一步减小，甚至会发生摩擦碰撞，引起事故。实践证明，一些对设备最危险、最不利的工况往往出现在启、停过程中，有一些启、停过程中产生的问题，即使当时未发生设备事故，但却会产生不良后果，留下隐患，降低设备使用寿命。因此通过研究单元机组启、停过程中的热状态和热力特性，寻求合理的启停方式，就成为单元机组集控运行的一项重要任务。

二、锅炉的热状态及热应力

（一）锅炉启、停过程的安全经济性

在锅炉启、停过程中存在着各种矛盾，如由于炉膛温度低引起燃烧不稳定与不经济的问题，各受热部件温升速度与温度均匀性的矛盾，受热面受热与工质对其冷却的矛盾，工质排

放与工质热量损失的矛盾等。

在启、停过程中，各部件的工作压力和温度随时都在变化，且各部件的加热或冷却是不均匀的，金属体中存在着温度场，会产生热应力。对汽包、联箱等厚壁部件的上下壁，内外壁温差要严格控制，以免产生过大热应力而使部件损坏。该温差是随着升（降）压速度与升（降）负荷速度增大而增大的。为减小热应力，必须限制升（降）压和升（降）负荷速度，然而这样势必增加启、停时间。

锅炉点火后就开始加热各受热面和部件。此时，工质尚处于不正常的流动状态，冷却受热面的能力差，会引起局部金属受热面管壁超温，汽包等靠工质间接加热的部件将发生不均匀的温差场。启动初期，水循环尚未建立的水冷壁、未通汽或汽流量很少的再热器、断续进水的省煤器都可能有引起管壁超温损坏的危险。

在启动初期，炉膛温度低，点火后的一段时间内投入燃料量少，燃烧不易控制，容易出现燃烧不完全、不稳定，炉膛热负荷不均匀，可能出现灭火和炉膛爆燃事故；此外，燃烧热损失也较大。炉膛热负荷不均，会使并联管吸热偏差增大，所以，点火后希望快速增加燃料投入量，以加强燃烧，提高炉膛温度，均匀炉膛热负荷，建立稳定、经济的燃烧工况，但是增加燃料投入量受到升温速度与排放损失等限制。

在启、停过程中，所用的燃料除了用以加热工质和部件外，还有一部分消耗于排汽和放水，而后者是一种热量损失，如排汽和放水未能全部回收热量，就必然伴随工质的损失。此外，在低负荷燃烧时，不仅过量空气量较大，而且不完全燃烧损失也较大。这些损失的大小与启动方式、操作方法以及启动持续时间有关。

单元机组启动与停运过程中的运行技术管理工作，就是要处理好启、停过程中的各种矛盾，优化各种工况，建立最佳的安全、经济启动及停运指标。

（二）汽包的温差与热应力

1. 汽包进水时的温差和热应力

冷态启动时，汽包在进水前，其金属温度接近环境气温。进水时，一定温度的给水与汽包内壁接触，由于汽包壁较厚（一般为100mm左右），其内壁温度升高较快而外表温度上升较慢，因而形成内、外壁温差。另外，在汽包水位以下被给水浸没，该部分受热，壁温上升，使汽包下半部壁温高于上部。正是由于汽包内外壁、上下壁温差的存在，温度高的部位金属膨胀量大，温度低的部位金属膨胀量小，而汽包是一个整体，其各部位间无相对位移的自由，因而汽包内侧和下半部受到压缩，外侧和上半部受到拉伸。汽包压缩部位产生压缩热应力，拉伸部位产生拉伸热应力，且温差愈大，所产生的热应力也愈大。该热应力与温差成正比关系。而温差的大小又取决于金属加热或冷却的速度和金属的壁厚。故在进水时，汽包下部内壁产生的压缩热应力由汽包下部的压缩热应力和汽包内外壁温差使内壁产生的压缩热应力叠加而达到最大。为减小该热应力，进水过程中应限制汽包上下壁、内外壁温差，其方法为限制进水温度和进水速度。一般规定冷态启动时，锅炉进水温度不大于 $90\sim100℃$，热态进水时，水温与汽包壁温差不大于 $40℃$，高压及以上锅炉，进水时间为夏季不小于 2h，冬季不小于 4h。另外，为安全起见，用常温水向汽包进水时，水温必须高于汽包材料性能规定的脆性转变温度（FATT）33℃以上。

2. 升压过程中汽包的温差和热应力

对于自然循环锅炉，在升压初期投入的燃料量很少，炉内火焰充满程度较差，水冷壁受热不均，工质吸热较少，且在低压时工质的汽化潜热较大，这时产生的蒸汽量很少，水循环尚未正常建立，汽包下半部的水处于不流动或流动非常缓慢状态，放热系数很小，使汽包下半部金属升温缓慢，而汽包上半部接触的是饱和蒸汽，其传热方式为凝结放热，放热系数要比下半部缓慢的对流传热大好几倍，故上半部壁温升高较快。

当压力升高时，上半部壁温很快达到对应压力下的饱和温度，这样就使汽包上半部壁温高于下半部壁温，形成上高下低的温差，产生热应力。随着压力的升高，温差加大，热应力也随之加大，在汽包上半部产生压缩热应力，而下半部则产生拉伸热应力，使汽包产生拱背变形，严重时会损坏汽包。上下壁温差与升压速度有关，升压速度越快，该温差越大，且压力越低时越明显。这主要是由于在低压时，压力升高对应的饱和温度上升较快的缘故。故在升压过程中应严格控制升压速度，这是防止汽包壁温差过大的根本措施。为此，应严格按照给定的升压曲线来升压。

我国电力行业有关规程规定，启、停期间汽包上下部壁温差不允许超过 50℃。现今高参数、大容量的锅炉汽包均装设上下壁温测点若干对，以便监视，若发现温差过大，应减缓升、降压速度或暂停升、降压。对单元机组采用滑参数启动时，升压速度更是应严格控制，因为低参数启动阶段，若升压太快，则蒸汽对汽包上半壁的加热更剧烈，引起的温差就更大。在点火后升压的初期阶段，应设法迅速建立正常的水循环，以加强汽包内水的流动，从而减小汽包温差。为此，可在各水冷壁下联箱内设置邻炉蒸汽加热装置。在点火前先预热带压，不仅有利水循环的建立，而且有利缩短启动时间。另外，还可通过加强下联箱放水，加快汽包内水的流动。

3. 停炉时汽包壁温差

在停炉过程中，锅炉部件要从热态过渡到冷态，同样要经历温度与压力的变化。注意点仍需放在温度的变化上，合理控制冷却速度，防止产生过大的内外壁温差和热应力。若该热应力与锅炉部件工作引起的机械应力、自重和圆度引起的弯曲应力以及焊接残余应力叠加，会使汽包处在十分复杂的应力状态。

在降压过程中，汽包仍会出现上下壁温差，因为汽包壁是靠内部工质进行冷却的，冷却不均就会出现温差。停炉时，汽包内炉水压力及对应的饱和温度下降，下汽包壁对炉水放热，使壁面得到较快的冷却，而与汽包上壁接触的蒸汽在降压过程中仍呈过热状态，放热系数较低，金属冷却较慢，所以仍出现上壁温度高于下壁温度的现象。而且，降压速度愈快，该温差愈大。应特别注意，当压力降到低值时，将出现较大的温差，故在低压范围内，更应注意严格控制降压速度，一般在最初 4~8h 内，应关闭锅炉各处挡板，避免大量冷空气进入。此后如有必要，可逐渐打开烟道挡板及炉膛各门孔，进行自然通风冷却，同时进行一次放水，促使内部水的流动，使各部分冷却均匀。在 8~10h 内，如有必要加强冷却，可开启引风机通风，并可适当增加进水、放水次数。

三、汽轮机主要零部件的热应力、热膨胀和热变形

汽轮机在启动、停机或变工况运行时，由于各部件结构和所处条件不同，蒸汽对各部件的传热情况也不一样，因此各个零部件内以及它们相互之间必然形成较大的温差。温差除了会导致各零部件产生较大的热应力外，同时还会引起不协调的热膨胀和热变形。

（一）汽轮机部件内的热应力

在汽轮机启动、停机或变工况过程中，其零部件由于温度变化而产生膨胀或收缩变形，

称为热变形。当热变形受到某种约束（包括金属纤维之间的约束）时，则要在零部件内产生应力，这种由于温度（或温差）引起的应力称为温度应力或热应力。应当指出，当温度变化时，若零部件内各点的温度分布均匀，且变形不受任何约束，则零部件仅产生热变形而不会产生热应力，只有当受到约束时才会产生热应力。当物体的温度变化不均匀时，即使没有外界约束条件，也将产生热应力。由此可知，引起热应力的根本原因是温度变化时，零部件内温度分布不均匀或零部件变形受到约束。

汽轮机在启、停或变工况运行时，由于蒸汽与金属各部件的传热条件不同，以及汽缸和转子等部件的材料、结构不同，导热系数不同，导热时间不同等因素，使得汽缸内外壁、汽缸和法兰与转子之间、上下缸之间等处产生温差。由于该温差的存在，汽轮机零部件一定会产生热应力，且金属各部件的温度和温差的变化也比较剧烈，各部位的热应力水平也不同。汽轮机较大热应力部位多在高压缸调节级处、再热机组中压缸进汽区、缸体内外缸壁面、法兰中分面及其内外壁面、法兰螺栓等处。

在启动过程中，汽缸热应力变化过程为：在冷态启动开始冲转时，由于蒸汽和金属温度相差较大，造成一个热冲击，使汽轮机各部位的热应力增加到较高水平，此时，法兰外侧的温度低于内侧温度，因而受热后内侧膨胀大，外侧膨胀小，外侧就会阻止内侧自由热膨胀，其结果是内侧产生压缩热应力，而外侧承受拉伸热应力。停机时，情况正好相反。也就是说，在启、停过程中，汽缸和法兰内外侧就要承受交变的热应力。

转子由于高速转动，其换热系数大，使转子外表面温度上升很快，可是转子中心孔要靠热传导的方式由外壁传入热量，中心孔的温度要滞后于转子表面温度，使得转子内外壁产生温差且逐渐增大，转子外表面产生压缩热应力，中心孔产生拉伸热应力。一般在冷态启动时，转子表面的最大压缩热应力大于中心孔表面的拉伸热应力，如果压缩热应力超过材料的屈服极限，则会产生部分塑性变形。随着启动过程的结束，由于塑性变形不能得到恢复，在转子表面会出现残余拉伸应力。但在高温条件下，残余应力会随着时间增加而逐渐减小以至消失，这是由于材料松弛所致。停机时，与前面汽缸和法兰类似，转子外表面为拉伸热应力，而中心孔表面为压缩热应力。

近年来，在一些进口机组及引进优化型的国产机组上采用了无中心孔的汽轮机转子，因为这类转子工作时的离心力比有中心孔的要小得多，可降低转子的工作应力，蠕变损伤大大降低，寿命得以延长。但这种转子对锻件质量要求较高，而且要有高深度的探伤技术和设备。

在热态启动时，蒸汽的温度可能低于转子和汽缸金属温度，特别是大型机组的极热态启动，很难达到金属要求的蒸汽温度，这样就使得汽缸和转子外表面先冷却，后加热，使汽缸和转子的热应力完成一个交变应力循环，这是与冷态启动的明显差别。

现代大型汽轮机在启、停或变工况时，主要靠监视转子的热应力来判断汽轮发电机组整体热应力水平，进而确定机组的启、停方式，其主要依据是这时转子的热应力要大于汽缸的热应力。转子是高速旋转的，其换热系数远大于汽缸的换热系数。同时，现代大型汽轮机转子直径增大很多，转子表面到中心孔的厚度已超过了汽缸的内外壁的厚度，故转子表面和中心孔的温差要大于汽缸内外壁的温差。此外，转子和汽缸都承受两种应力，一种是热应力，另一种是工作应力。汽缸的工作应力为蒸汽压力，而转子的工作应力是转动时产生的离心力，显然，转子的离心力要远大于蒸汽对汽缸产生压力。所以大型汽轮机都把转子的应力作为启动过程中判断状态变化的重要依据。据有关资料介绍，国产 200MW 机组启动时的最大热应力发生在中压转子的前轴封弹性槽，而国产 300MW 机组的最大热应力发生在高压转子的调节级叶轮根部。

（二）汽轮机热膨胀

1. 汽缸的绝对热膨胀

在汽轮机的启动过程中，必须保证汽缸在各个方向的自由膨胀。如果由于滑销系统卡涩或者是由于与汽缸连接管道设计安装得不合理而影响了机体的自由膨胀，就会引起机体产生附加热应力和热变形，造成机组振动。由于汽缸沿轴向尺寸最大，故在轴向方向的膨胀也较大，所以在启、停时应重点监视汽缸的轴向膨胀。对于大型汽轮机来说，还有一个要注意的是汽缸的法兰，因为它比汽缸壁要厚得多，在启、停过程中会产生较大温差，使得法兰的膨胀量滞后于汽缸的膨胀量。为缩短启停时间，减小法兰内外壁温差，现代汽轮机都设立了汽缸法兰螺栓加热装置。在严密监视汽缸的绝对膨胀值的同时，对汽缸左右两侧膨胀也要注意监视，确保汽缸两侧、四角膨胀正常。启动中若发现汽缸膨胀有跳跃式的增加（减小），则说明滑销系统或轴承台柜的滑动面可能有卡涩现象，必须停止启动，待查明原因并予以消除后方可重新启动。为保证汽缸左右膨胀的均匀，一般规定新蒸汽和再热蒸汽两侧的温差不超过 28℃。若能将调节级汽室处在左右两侧法兰的金属温差控制在合理范围内（一般为 28℃以内），就能保证汽缸横向膨胀均匀。

理论上，汽缸和转子轴向的绝对膨胀值计算式为

$$\Delta L = \sum_{i=1}^{n} \Delta L_i \sum_{i=1}^{n} \alpha_j(t)(t_m - t_o)\Delta Y_i \tag{1-1}$$

式中　ΔL_i——转子或汽缸各区段的绝对膨胀值；

　　　t_m——各区段的平均温度；

　　　t_o——初温度（一般取 20℃）；

　　　$\alpha_j(t)$——按各区段平均温度查得材料的线膨胀系数；

　　　ΔY_i——计算区段长度。

显然，用式（1-1）计算时，把转子或汽缸沿轴向分成若个区段，算出各区段的膨胀值，然后将其相加所得值即为整个转子或汽缸的绝对膨胀值。

2. 汽缸和转子的相对膨胀

汽轮机启、停及变工况中，汽缸和转子分别以各自的死点为基准向各个方向进行膨胀。由于蒸汽流经转子和汽缸的相应截面的温度不同、汽缸和转子的质量不同、工作条件不相同等原因，转子随蒸汽温度的变化而产生膨胀和收缩都更为迅速，使得汽缸和转子存在较大温差，导致互相之间存在着膨胀及膨胀差。若转子的轴向膨胀大于汽缸的膨胀，则两者的膨胀差值为正值，称为正胀差；反之，称为负胀差。在启动或正常运行增负荷时，转子受热先于汽缸，则胀差的正值增加；在停机或减负荷时，转子收缩先于汽缸，则胀差的负值增加。胀差的大小反映着汽轮机的动、静部分轴向间隙的变化情况。由于汽轮机各级动叶的出汽侧轴向间隙大于进汽侧的轴向间隙，故允许的正胀差大于负胀差。显然，胀差超过正负极限值就会使动、静间的轴向间隙消失，发生动、静部分磨碰，可能引起机组振动增大，甚至发生叶片断裂、大轴弯曲等事故。因此，严密监视胀差和控制胀差是机组启、停和工况变化时的一项重要任务。为避免出现过大胀差，应合理控制蒸汽的温升（降）速度和负荷变化速度，合理地使用汽缸和法兰螺栓加热装置，并可利用轴封供汽控制胀差。热态启动时，为防止轴封

供汽后胀差出现负值，轴封供汽应选用高温汽源。一般供汽温度为 180～190℃，并且一定要先向轴封供汽，后抽真空，尽量缩短冲转前轴封供汽时间。

（三）汽轮机主要零部件的热变形

汽轮机在启、停变工况时，由于各部件受热不均，会引起热变形，从而使通流部分或汽缸、阀门等地方的间隙产生变化，轻者使机组效率降低，重者将使设备损坏。

1. 上、下汽缸温差引起的热变形

汽轮机启、停时，一般都是上缸温度高于下缸温度，这就导致汽缸向上拱起，俗称"猫拱背"，如图 1-1 虚线所示。这时，下汽缸底部动、静部分的径向间隙减少甚至消失，严重时甚至发生动、静部分摩擦，尤其当转子存在热弯曲时，动、静部分摩擦的危险更大。

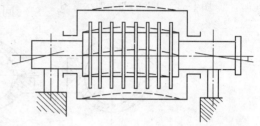

图 1-1 汽缸和转子的热变形弯曲

上、下汽缸温差产生的主要原因是：

（1）上、下汽缸的质量、散热面积不同。下汽缸比上汽缸的金属质量大，且下汽缸布置有通向低温设备的抽汽和疏水管通，因此在同样的保温、加热或冷却条件下，下汽缸温度的下降要比上汽缸快些。

（2）汽缸内部因蒸汽上升，蒸汽凝结的放热量大于凝结水下流时的放热量。蒸汽凝结的疏水经疏水管排出，疏水形成的水膜降低了下汽缸受热条件，加之在汽缸外部冷空气由下而上流动而冷却下汽缸，所以下汽缸温度比汽缸低。

（3）下汽缸保温条件差，保温层易脱落，致使下汽缸散热较快。

（4）汽缸疏水不畅。停机后因阀门不严密，向汽缸漏入汽水或有蒸汽向轴封漏入汽缸，均可造成上下汽缸温差加剧。

由于汽缸结构庞大，形状复杂，要对汽缸的热变形弯曲精确计算较困难，但可对其最弯曲值进行如下估算：

$$L_{max} = \beta_l L^2 \Delta t / 8D \qquad (1-2)$$

式中　β_l——汽缸材料线膨胀系数，1/℃；

　　　L——汽缸两支承点间的距离，mm；

　　　D——沿汽缸长度的平均直径，mm；

　　　Δt——上、下汽缸温差，℃。

上、下汽缸存在温差是汽缸产生热变形弯曲的主要原因之一。一般规定上、下汽缸温差小于 35～50℃。对双层结构的汽轮机，其内缸上、下汽缸温差不大于 35℃，外缸上、下汽缸温差不大于 50℃，而且明确规定了上、下汽缸温差超限时，严禁冲动汽轮机转子。

2. 汽缸法兰的热翘曲

大容量再热机组的高、中压缸的水平法兰厚度为汽缸壁厚的 4 倍，而且法兰刚度比汽缸大得多。在启动过程中，法兰的温度变化滞后于汽缸温度的变化，且法兰处于单向导热状态，使法兰内外壁、法兰内壁与汽缸内壁之间产生较大温差，这除了引起热应力外，还会沿法兰的垂直和水平结合面方向产生热变形。

启动时，法兰内壁温度高于外壁温度，使法兰内壁热膨胀值大于外壁，从而使法兰水平方向发生热翘曲现象，如图 1-2 所示。法兰的这种热变形，往往会引起汽缸横截面发生变

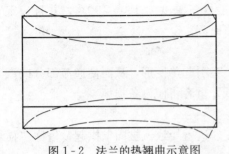

图 1-2 法兰的热翘曲示意图

形，使得汽缸中部截面由圆变为竖椭圆形且出现内张口，见图 1-3（c），而前后两端截面则变为横椭圆形，且出现外张口，见图 1-3（b）。前者会引起汽缸左右间隙减少，而后者则会引起汽缸上、下径向间隙减少。椭圆形的汽缸变形对静叶片直接装在汽缸壁上的反动式汽轮机影响较大，而对冲动式汽轮机的影响较小，因为隔板仍旧可以和轴大致同心。

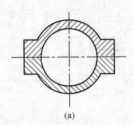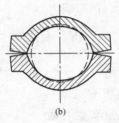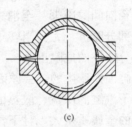

（a）　　　　　　（b）　　　　　　（c）

图 1-3 法兰、汽缸的变形图

（a）变形前；（b）汽缸前后两端的变形；（c）汽缸中间段的变形

法兰热翘曲过大将引起动、静部分摩擦，使法兰结合面局部发生塑性变形，当法兰螺栓负荷卸去后，上下缸结合面便出现内外张口，造成法兰结合面漏汽。当法兰内壁温度高于外壁温度时，内壁金属的垂直膨胀增加了法兰接合面的热压应力，若此热压应力超过材料的屈服极限，材料就会产生塑性变形，螺栓被拉断或螺帽结合面被压坏。运行规程规定，法兰内外壁温差的极限不应大于 100℃（在没有法兰螺栓加热装置时）。对于装有法兰加热装置的机组，规定法兰内外壁温差不大 30℃。在启、停过程中，应控制蒸汽温升（降）率，并对法兰加热装置进行合理的调整，尽可能有效地减少法兰内外壁温差，减少热变形。投法兰加热装置时，应特别注意法兰内壁温度与汽缸顶部温度的差值，当该差值大于某一数值时应立即停止法兰的加热。

现代大功率机组，为减小汽缸的热变形，力求从汽缸结构上加以改进，而不采用复杂的法兰加热装置。国际上普遍采用的先进技术是选用窄高法兰或取消法兰，使汽缸成为圆筒型。如 ABB 公司生产的汽轮机内缸取消了法兰，而采用套环紧箍。西门子公司生产的高压外缸则为整体圆筒形。

3. 转子热弯曲

前面已经讨论了引起下下缸温差和汽缸拱背变形的原因。事实上若该温差作用在静止的转子上，同样也会引起转子的热弯曲。当上下缸温差趋于稳定直到温差消失后，转子又恢复原状，变形消失，这种弯曲称为弹性弯曲。但是，当转子径向温差过大，其热应力超过材料的屈服极限时，将造成转子的永久变形，这种弯曲称为塑性弯曲（永久弯曲）。

若在转子热弯曲较大的情况下启动机组，不仅会产生动、静部分摩擦，而且其偏心值产生的不平衡离心力还将使机组产生强烈振动。局部摩擦的结果是该部位金属表面温度急剧升高，与周围金属产生很大的温差，最终造成转子永久弯曲变形，造成汽轮机大轴弯曲事故。因此，对大容量、高参数再热机组规定，热弯曲最大值为 0.03～0.04mm。如对引进型 300MW 机组，规定冲转时大轴弯曲度不超过原始值 0.03mm。

减少转子热弯曲最有效的方法：

(1) 适时地正确地投入盘车装置。

(2) 控制好轴封供汽的温度和时间。

(3) 启动时采取全周进汽，并控制好蒸汽参数的变化。

(4) 启动过程中汽缸要充分疏水，保持上下缸温差在允许范围内。

大型汽轮机都装有转子挠度指示器，可直接测量大轴的弯曲度。无此装置的汽轮发电机组应监视转子的振动，比较先进的机组可直接测量轴的振动。目前现场常在轴径附近装设千分表，测量该处的挠度来估算转子最大弯曲度，如图 1-4 所示，即

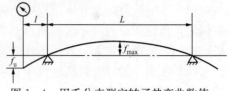

图 1-4 用千分表测定转子热弯曲数值

$$f_{max} = 0.25 f_u L/l \qquad (1-3)$$

式中　f_u——千分表测得转子挠度值，mm；

　　　L——两轴承间转子长度，mm；

　　　l——千分表与轴承间的距离，mm。

课题二　单元机组启动和停运方式

教学目的

　　了解单元机组启、停方式。

一、单元机组的启动方式

（一）按启动前汽轮机金属温度水平（内缸或转子表面温度）和停机时间分类

目前常采用按汽轮机高压转子（高压缸冲转）或中压缸转子（中压缸冲转）的金属温度水平来划分：

(1) 冷态启动。当高压转子或中压转子金属温度低于 150～180℃时，为冷态启动。

(2) 温态启动。当高压转子或中压转子金属温度在 180～350℃时，为温态启动。

(3) 热态启动。当高压转子和中压转子金属温度都在 350℃以上时，为热态启动。有的将金属温度在 420～450℃以上称为极热态启动。

另一种是按停机后至再启动的时间来划分：

(1) 冷态启动。停机时间超过 72h，金属温度已下降至其额定负荷值的 40％以下，为冷态启动。

(2) 温态启动。停机在 10～72h 之间，金属温度已下降至其额定负荷值的 40％～80％之间，为温态启动。

(3) 极热态启动。停机时间在 1～2h 以内，金属温度仍维持或接近其额定负荷值，为极热态启动。

上述划分的标准，各国及各制造厂家也不尽相同，但大致都在该水平左右。

（二）按新蒸汽参数分类

单元机组启动方式按新蒸汽参数不同可分为两大类。

1. 额定参数启动

额定参数启动是指从冲转到机组带额定负荷的整个启动过程中,锅炉应保证自动主汽阀前蒸汽参数(压力和温度)始终为额定值的启动方式。母管制机组中多采用这种启动方式,而对单元机组来说,由于存在某些原则性缺点,故已不采用。这里所谓的原则性缺点可概括为以下几个方面:

(1) 在锅炉升温和升压过程中,为冷却过热器,必须不断放汽至大气,造成工质和热量的损失;低速或空转时,暖机蒸汽是将额定参数蒸汽节流至 0.1~0.5MPa 左右再进入汽轮机,阀门节流损失较大,故经济性较差。

(2) 在锅炉的升温升压过程中,由于没有很大的蒸汽负荷,锅炉水循环差,使汽包产生较大的温差和热应力。

(3) 以高温高压的蒸汽来加热冷的管道和汽轮机显然是不合理的,这势必在其金属内产生较大温度梯度,亦即产生较大的热应力。为防止材料损伤,加热只好缓慢地进行,这就延长了启动时间。

(4) 冲转时采取部分进汽,且流量少,使汽轮机头部加热不均匀,易产生扭曲变形。进入汽缸的蒸汽为过热蒸汽,其放热系数很小,对汽缸的加热很慢,往往使胀差有很大发展。过热蒸汽流入低压部分还会使排汽管温度升高,虽然采用喷水减温措施,较长时间运行后,还是有可能升到 110~120℃,以致产生不能允许的变形,并引起机组强烈的振动。

2. 滑参数启动

滑参数启动方式就是在启动过程中锅炉点火与暖管、汽轮机冲转、暖机和增负荷同时进行的启动方式。在锅炉点火和升温升压过程中,利用低温低压蒸汽进行暖管、冲转、暖机,机组并网及带负荷,并随着汽温汽压的升高,逐步增加机组的负荷,待锅炉达到额定工况,汽轮发电机组也达到额定出力。由于汽轮机自动主汽阀前的蒸汽参数是随机组转速或负荷的变化而滑升的,故这种启动方式称为滑参数启动。这种启动方式要求机炉密切配合,尤其是锅炉产生的蒸汽参数应随时适应汽轮机的要求,也就是说锅炉参数的升高速度主要取决于汽轮机所允许的加热条件。对喷嘴调节的汽轮机,定速后调节阀可保持全开位置。由于这种启动方式利用低参数、大流量来启动,不仅能均匀加热机组零部件,而且经济性也好,在现代大型机组中得到广泛的应用。按汽轮机冲转时主汽阀压力大小,滑参数启动又可分为真空法启动和压力法启动。

(1) 真空法启动。在锅炉点火前,首先把锅炉与汽轮机之间主蒸汽管道阀门全部开启(包括汽轮机主汽阀和调节阀),而将此管道上的空气阀、直通疏水阀、汽包及过热器和再热器的空气阀全部关闭,然后用盘车装置低速转动汽轮机转子,再投用抽气器抽真空。这时真空一直可以抽到汽包,待真空使汽包、过热器及再热器内的积水直通凝汽器时,即真空达 0.04~0.05MPa 时,锅炉开始点火,将产生的蒸汽送往汽轮机。一般当汽压不到 0.1MPa(表压)时就可以开始冲转。当主蒸汽管内为正压时,应开启管内最低点的几个疏水门,同时切断过热器至凝结器疏水。当转子被冲动至接近临界转速时,可关小主蒸汽管道上的一个阀门,待锅炉汽压上升到可使汽轮机转速足够超过临界转速时再开大。汽轮机达到额定转速时,汽包压力约为 0.5~1.0MPa。当汽轮机并列带初负荷(5%~10%额定负荷)时,新汽温度最好在 250℃左右。此后按汽轮机要求,锅炉升温升压,增加负荷直到正常。

真空法启动是用低参数蒸汽来暖管、暖机、升速和机组带负荷，汽温是由低到高，逐渐上升，所以允许的通汽流量较大，既有利于暖管暖机，又可使过热器和再热器充分冷却，促进锅炉水循环及减小汽包壁温差，还能使蒸汽得以充分利用，所以是比较经济的方法。但使用该方法启动时，汽轮机的升速或带负荷取决于锅炉的运行状态，难以控制。另外，疏水困难，启动初期，蒸汽过热度低，易引起汽轮机水冲击，安全性较差。特别是对中间再热机组，由于高压缸排汽温度相对较低，再加上再热器的一段又布置在烟气低温区，使再热汽温很难提高，导致汽轮机的低压缸最后几级的蒸汽湿度过大。用真空法滑参数启动时，真空系统庞大，抽真空较困难。因此国内中间再热单元机组均不采用这种启动方式。

（2）压力法启动。所谓压力法启动是指待锅炉所产生的蒸汽具有一定压力和温度后才冲转汽轮机的一种启动方法。与真空法相比较，该方法的特点是凝汽器抽真空，投盘车时，汽轮机主汽阀和调节阀是关闭的。锅炉点火后产生的蒸汽除用于暖管外，还可直接通过放汽管（对于再热机组即为旁路管道），经减温减压后进入凝汽器，待主汽阀前的蒸汽压力升到0.8～1.5MPa，温度达220～250℃时，才开启主汽阀冲转。在汽轮机升速过程中，为使汽温和汽压稳定，锅炉不宜进行过大的燃烧调整。利用调节阀或主汽阀控制转速，待达到额定转速时，调节阀全开。其余步骤同真空法一样。

显然，与真空法相比，压力法便于控制转子转速，可避免中、低压转子叶片的水蚀。由于压力法启动参数足够高，故整个启动过程操作简单、控制方便。但该法也存在一些不足，如冲转时蒸汽温度与金属温度的匹配不理想，有一定程度的热冲击，降低了汽轮机的寿命；定速后汽缸温度不高，需要在低负荷下较长时间暖机。

一些国外机组，在启动前采用盘车暖机预热高压缸，启动冲转参数较高，可达4～6MPa、300～350℃，称为中参数启动，但仍属于压力法滑参数启动。这种启动方法便于计算机按程序进行控制。

（三）按冲转时进汽方式分类

1. 中压缸启动

冲转时高压缸不进汽，而由中压缸进汽冲动转子，待汽轮机转速达到一定程度（即为2300～2600r/min）或带到一定负荷后才逐渐向高压缸进汽。这种启动方式对控制胀差有利，使机组的安全有一定保证，启动时间较短，汽轮机所受的热冲击也较小，且对空负荷、低负荷和带厂用电等特殊运行方式的适应性强，特别适用于大型调峰机组，但是操作与控制较复杂，因此在我国早期的一些带基本负荷的机组较少采用。

2. 高、中压缸启动

采用高、中压缸启动时，蒸汽同时进入高压缸和中压缸冲动转子。这种启动方式对高、中压合缸的机组，可使分缸处加热均匀，降低热应力，并能缩短启动时间。

3. 高、中压缸启动为主，中压缸启动为辅

冷态时为高、中压缸同时进汽，主汽阀启动方式；热态时（通过旁路系统）可采用中压缸进汽方式启动。

（四）按控制进汽流量的阀门分类

汽轮机冲转时，可以使用调节汽阀、自动主汽阀预启门和电动主闸门的旁路门来控制进

入汽轮机的蒸汽量。根据使用阀门的不同，启动方式可分为以下三种：

（1）用调节阀门启动。启动时，电动主闸门和自动主汽阀全部开启，由依次开启的调速阀门来控制进入汽轮机的蒸汽量。这种启动方法由于阀门较小而易控制流量，但是机头进汽只局限于较小的弧段，使该部分的加热不均匀。

（2）用自动主汽门预启门启动。启动前，调节汽门、电动主闸门全开，自动主汽门预启门控制蒸汽流量，使得机头受热均匀，但阀门加工困难。

（3）自动主汽阀或电动主闸门的旁路门启动。启动前，调节阀门全开，而用自动主汽阀或电动主闸门的旁路门来控制进入汽轮机的蒸汽流量。由于阀门较小，便于控制汽轮机的升温速度和汽缸的加热。在整个升速过程中，机头部分是全面进汽，受热较均匀，这对高压以上机组（汽缸壁较厚）是十分有利的。但需进行阀切换（冲至一定转速或加至一定负荷后，将蒸汽流量控制机构由自动主汽阀或电动主闸门的旁路门切换为调节汽阀），对控制系统和操作的要求比较高。另外，用自动主汽阀冲转的缺点是易造成自动主汽阀被冲蚀而关闭不严，降低其保护作用，为此，对自动主汽阀的材质要求更高。

二、单元机组的停运方式

单元机组停运是指机组从带负荷运行状态到卸去全部负荷、发电机解列、锅炉熄火、切断机炉之间联系、汽轮发电机组惰走、停转及盘车、锅炉降压、机炉冷却等全过程，是单元机组启动的逆过程。根据目的不同，单元机组的停运（简称停机）方式可分为正常停机和事故停机两种。

1. 正常停机

根据电网生产计划的安排，有准备的停机称为正常停机。正常停机有备用停机和检修备用停机两种情况。由于外界负荷减少，经计划调度，要求机组处于备用状态时的停机即为备用停机。视备用的时间长短，又可分为热备用停机和冷备用停机。按预定计划进行机组大、中、小修，以提高或恢复机组运行性能的停运，称为检修备用停机。根据停机过程中蒸汽参数变化不同，又分为额定参数停机和滑参数停机。

2. 事故停机

事故停机是指电力系统发生故障或单元制发电机组的设备发生严重缺陷和损坏，使发电机组迅速从电力系统中解列，甩掉所带全部负荷的停机。根据事故的严重程度，事故停机又分为紧急停运和故障停运。紧急停运是指所发生的异常情况已严重威胁汽轮机设备及系统的安全运行，停机后应立即确认发电机已自动解列，否则应手动解列发电机，同时，注意油泵的连启，转速下降至 2500r/min 时，应破坏凝汽器真空，以使转子尽快停止转动。故障停运是指汽轮发电机所发生的异常情况，还不会对汽轮发电机组的设备及系统造成严重后果，但机组已不宜继续运行，必须在一定时间内停运。

发生事故停机时，若事故设备能短时间内修复，并能很快恢复机组运行，则除事故设备需冷却到检修条件外，其余设备并不希望降温降压，以便能在较短的时间内实现热态启动。事故停机因故障引起，往往是停机保护动作的结果。虽然事故停机时间很短暂，但对整个机组造成较大的冲击，一般情况下应尽量避免。

三、滑参数启停方式的主要优点

单元机组的启停是机、炉、电之间互相联系、互相配合、协调一致的操作过程，在这一过程中机组内部工况的变化极其复杂。机组启停，在保证安全可靠的前提下，应尽量缩短时间，并有效地降低热能、电能及工质损失。这就要求尽可能采用合理的启停方式。

所谓合理的启停方式就是遵循合理的加热或降温方式，使启停过程中机组各零部件的温差、胀差、热应力、热变形，和转动部件的振动等均维持在允许范围内。

通过对大容量单元机组启停的实践和研究，对单元机组启停方式有如下一些原则要求：

（1）应在最佳工况下启动机炉和增加负荷，并尽可能地在不同温度情况下实现自动化程序启停。

（2）在机组启停期间，应保证工质损失和热损失最小。

（3）在任何情况下都要确保锅炉给水。

（4）根据负荷曲线的要求，对蒸汽参数和蒸汽流量应能自动调节。

（5）只能用过热蒸汽（过热度最低为 $40\sim60℃$）启动汽轮机。

（6）汽轮机进汽部分的金属与蒸汽之间的温度差，在热态启动时应不超过 $50℃$。

对于单元机组的启动，专家们一致认为最经济的启动方式是滑参数启动，这也是单元机组的主要优点之一。

滑参数启停的整个过程中，蒸汽参数是滑变的（滑升或滑降），这种启停方式的优点表现在下列方面。

1. 安全可靠性好

滑参数启动时，整个机组的加热过程是从较低参数开始的，因而各部件的受热膨胀比较均匀。对锅炉而言，滑参数启动可使水循环工况得到改善，汽包壁温差减小，过热器冷却条件变好；对汽轮机而言，开始启动时，进入的是低压、低温蒸汽，其容积流量大，容易充满汽轮机，而且流速也可增大，使汽轮机各部件加热均匀而温升平稳，故热应力不均的情况可以得到改善，增加了安全可靠性，并可延长设备寿命。

滑参数停机时，同样由于蒸汽流量大，对汽缸的冷却较均匀，汽轮机的热变形和热应力较小。

2. 经济性高

单元机组滑参数启动时，因主蒸汽管道上所有阀门全开，减少了节流损失；主蒸汽的热能几乎全部用来暖管、暖机；自锅炉点火至发电机并网发电的时间短，可多发电，辅机耗电也相应减少；锅炉不必向空大量排汽，减少了工质和热量损失，从而也减少了燃料的消耗；叶片可以得到清洗，使汽轮机效率得到提高。100MW 机组滑参数启动实践结果表明，采用滑参数启动可以缩短启动时间约 7h，每启动一次可节约标准煤 30t 以上，回收凝结水 150t，多发电 20000kW·h。

单元机组滑参数停机比额定参数停机经济，凝结水可全部回收，余汽、余热可用来发电。

3. 提高设备的利用率和增加运行调度的灵活性

采用滑参数启动，可缩短启动时间，提前并网发电。采用滑参数停机，余汽、余热可被用来发电的同时，也加速了汽轮机的冷却过程，所以可以提前揭缸，缩短检修工期，增加了设备利用小时数。这样既提高了设备利用率，又增加了运行调度的灵活性。

4. 操作简化并易于程控

在滑参数启动过程中，当汽轮机采用全周进汽时，调节阀门处于全开位置，操作调节简单，而且给水加热也可随主机进行滑参数运行，简化了操作。随着计算机技术的应用，整个滑参数启动过程可采用顺序控制系统（SCS），即开环控制系统。它可以完成机组自动启停的控制，如对引风机、送风机、给水泵、盘车装置等辅机进行开、关，启、停或程序控制，也可以对常用大、中量的阀门和挡板进行顺控（遥控）等。

5. 改善发电厂的环境条件

由于减少了蒸汽排放所产生的噪声，故改善了电厂周围的环境。

现代大容量单元机组的启动均采用滑参数启动方式而不采用额定参数启动方式，而单元机组的停运则根据不同情况和不同要求，选择不同的停机方式。

课题三　汽包炉单元机组启动

教学目的

掌握自然循环锅炉机组的冷、热态启动的特点及操作过程。

一、自然循环锅炉单元机组冷态启动

现代大型单元机组冷态启动均为滑参数启动，且以采用压力法滑参数启动方式居多。下面就以配自然循环锅炉的单元机组（国产 300MW 机组）为例说明整个启动过程。

（一）启动前的检查和准备工作

冷态启动是在机组检修以后或刚安装好时进行的启动。启动前的检查和准备工作是关系到启动工作能否安全顺利进行的重要条件。检查和准备的目的是使设备和系统处于最佳启动状态，以达到随时可投运的条件；检查的范围包括炉、机、电主辅机的一次设备及监控系统，主要内容有以下几方面。

（1）安装或检修完毕，安全措施已拆除。

（2）炉、机、电的一次设备完好。

（3）各种仪表、操作装置及计算机系统处于正常工作状态，电气保护动作良好。

（4）进行有关试验和测量，并符合要求，主要内容包括：

1）锅炉水压试验。由于单元机组锅炉出口一般不设截止门，试验时，水压一直打到汽轮机主汽阀前，要求主汽阀一定关严。试验结束后，锅炉放水至低水位，而主蒸汽管道放水要在锅炉点火前完成，以防引起主蒸汽管的水冲击。

2）发电机组连锁、锅炉连锁和泵的连锁试验。

3）炉膛严密性试验。

4）汽轮机控制系统的静态试验。对中间再热机组而言，调速保安系统的静态试验必须在锅炉点火前进行。

5）转动机械的试运转。

6）油泵联动试验。

7）汽轮机大轴挠度测量。

8）电气设备的绝缘测定。

9）阀门及挡板的校验。

（5）原煤仓应有足够的煤量。对煤粉炉，制粉系统应处于准备状态，中间储仓式制粉系统应有足够的粉量。

（6）除盐水充足合格，补充水箱水位正常，水质化验合格。

（7）送厂用电，并给机组辅机电动机送电。

（8）辅助设备及系统启动，主要有如下设备和系统：

1）启动循环水泵，进行凝汽器通循环水、凝结水除盐装置的准备和投运。

2）启动工业水泵，投入连锁开关。

3）启动热控空压机，投入厂用压缩空气系统。

4）启动润滑油系统，低油压保护投入。启动润滑油泵，进行油循环。当油系统充满油，润滑油压已稳定，对油管、法兰、油箱油位、主机各轴承回油等情况进行详细检查。

5）投密封油系统。

6）投调速抗燃油系统。

7）发电机充氢。

8）启动顶轴油泵。

9）启动 EH 油泵，投入连锁开关。

10）启动化学补充水泵，向凝汽器补水至正常位置。

11）启动锅炉或邻机送汽至辅助蒸汽母管暖管，暖管结束后投辅助蒸汽系统运行。

12）启动凝结水泵，投连锁开关，凝结水再循环，待水质合格后，向除氧器上水，冲洗凝结水系统及除氧器。冲洗合格后，将除氧器水位补至正常水位，然后投"自动"。

13）给水泵充水及暖管，给水泵投正暖。

14）锅炉投回转式空气预热器。

15）投盘车，冲转前盘车应连续运转 4h，特殊情况不少于 2h。

16）投轴封系统，用辅助汽源向轴封送汽。转子静止时严禁向轴封送汽，否则可能引起大轴弯曲。高压内缸上壁温度低于 120℃时，要求进行盘车状态下汽缸预热。

17）启动真空泵，抽真空。真空大于 −30kPa，联系锅炉点火。

18）启动发电机水冷系统。

实践证明，若启动前的准备工作不全面、不细致，以及对某些设备的缺陷或隐患未能及时发现，将会造成启动持续时间拖长，启动损失增大，设备的可靠性降低，同时还会增加运行操作人员发生误操作的几率，使启动自动化的问题变得复杂化等。所以在启动前必须认真仔细地对设备及系统进行检查，对设备的保护装置和主要辅机都要按照有关规程所规定的内容进行认真地试验，确保其性能良好，减少启动操作次数，提高机组的可靠性。

（二）锅炉点火

1. 锅炉上水

在汽包无压力的情况下，可用疏水泵或凝结水泵上水。汽包有压力或锅炉点火后，可利用电动给水泵由给水操作台的小旁路缓慢经省煤器上水，电动给水泵运行时，汽动给水泵改为倒暖。为避免汽包产生过大的热应力而损伤，必须控制上水的水温和上水的速度。冷锅炉上水的水温一般不得超过 90℃，上水速度不能太快，应控制给水流量为 30～60t/h。上水时间，夏天不少于 2h，冬天不少于 4h。在点火前，上水只到汽包水位线的低限。上水完毕后，应检查汽包水位有无变化。若水位上升，则说明进水阀门或给水阀门未关严或有泄漏；若水位下降，则表示有漏水之处，应查明原因并消除。此外，在进水过程中还应注意汽包上、下壁温差和受热面的膨胀是否正常。

2. 风烟系统投用及炉膛和烟道吹扫

锅炉点火前，应先启动空气预热器，然后顺序启动引风机和送风机各一台，以其额定负荷的 25%～30%风量，进行烟道和炉膛通风 5～10min，排除炉膛和烟道中的可燃物，防止点火时发生爆燃。然后，启动一次风机，并对一次风管进行吹扫，每根风管的吹扫时间为 2～3min，吹扫应逐根进行。倒换一次风挡板时，必须先开、后关。吹扫完毕，调整总风压至点火所需数值。此时，炉膛内负压一般维持在 49～98Pa 范围内。

3. 准备点火

复归 MFT（主燃料跳闸事故），油系统作泄漏试验。点火前，应用蒸汽对油系统和油枪逐一进行加热冲洗。为保证燃油雾化良好，点火前，重油和蒸汽的压力与温度必须符合规定值。

4. 锅炉点火

300MW 机组通常采用二级点火，即先用高能点火器点燃重油，经过一定时间后再投入煤粉燃烧器。首先投入下层对角油枪点火，按自下而上的原则投入其余点火油枪。在点火初期，为使炉膛温度场尽量均匀，每层初投的对角油枪运行一段时间后，应切换至另一对角运行。切换原则为"先投后停"。点火时应注意通过火焰监视器对炉膛火焰进行监视。投煤粉时，应先投油枪上面或紧靠油枪的煤粉燃烧器，这样对煤粉引燃有利。投煤粉时，若发生炉膛熄火或投粉 5s 不能引燃，应立即停止送粉，并对炉膛进行适当地通风吹扫，然后再重新点火，以防发生炉内爆燃事故。

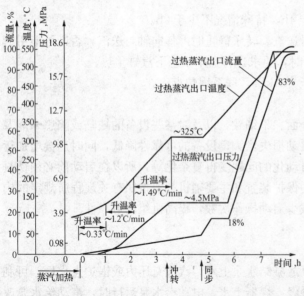

图 1-5 SG1025/18.2—M319 型锅炉
冷态启动升温升曲线

（三）锅炉升温升压

1. 升温升压过程

锅炉起压后（0.1MPa），启动除氧器循环泵，投入除氧器蒸汽加热，投入高、低压旁路，用手动方式打开低压旁路 50%、高压旁路 20%～30%额定容量，配合升温升压，注意水幕保护及高、低压旁路减温水投入。由对锅炉的热状态及热应力的分析可知，升压过程的初始阶段温升速度应比较缓慢。

通过对 SG1025/18.2—M319 型亚临界自然循环锅炉冷态启动曲线（如图 1-5 所示）的分析可看出：在点火后升压初始阶段，升压速度很低，在 1h 时汽压升高仅为 0.15MPa，此阶段升温率只有 0.33℃/min。随后升压速度和升温率逐步有所提高，直到压力升到

4.5MPa，温度达到 325℃，开始冲转汽轮机，蒸汽在该参数下约维持 70min，这是汽轮机从冲转、升速到额定转速所需时间。以后锅炉的升温、升压则是根据汽轮机增负荷的需要进行。当压力达到额定值，汽轮机负荷已带到约 250MW。升温升压过程中，应控制两侧的烟气温差、汽包的上下及内外壁温差、受热面各部分的膨胀和炉膛出口烟温等。

2. 升压过程中的定期工作

点火后，随着压力逐渐升高，锅炉运行人员应按一定的技术要求，在不同压力下进行有关操作，如关空气门（压力升至 0.15～0.20MPa），冲洗水位计（压力升至 0.1～0.3MPa），进行锅炉下部放水（压力升至 0.2～0.3MPa），检查和记录热膨胀，紧人孔门螺栓。在升压中期，还可再进行 1～2 次锅炉放水。

（四）暖管与暖阀

冷态启动前，主蒸汽管道、再热蒸汽管道、自动主汽阀至调速汽阀的导汽管、自动主汽阀及调速汽阀等的温度均相当于室温。锅炉点火后利用所产生的低温蒸汽对上述设备和管道进行预热和疏水，称为暖管。暖管的目的是防止未经预热的管道突然通入大量的高温蒸汽，管道及其附件产生破坏性的热应力及管道水击。暖管与锅炉点火、升压基本同时进行。汽包至汽轮机之间主蒸汽管道上所有阀门在全开位置，旁路门在全关位置。再热机组通过旁路系统对再热蒸汽管道进行暖管。同时，可通入蒸汽，在盘车状态下对高、中压缸进行暖缸。高参数、大容量机组暖管时，温升速度一般不超过 3～5℃/min。

暖管时要注意及时疏水，防止发生水击和管道振动，同时还可帮助提高汽温，加快暖管速度。主蒸汽管道和再热蒸汽冷、热段管道疏水一般通过疏水管道、旁路系统的排汽，经疏水扩容器排至凝汽器，此时凝汽器已接带热负荷，所以要保证循环水泵、凝结水泵及抽汽设备的可靠运行。如果这些设备发生故障而影响真空时，应立即停止旁路设备，关闭导向凝汽器的所有疏水门，开启所有排向大气的疏水阀。另外，在暖管过程中，要定期开启疏水管的检查门，以观察是否还有积水。

大容量机组的配汽机构阀门体积庞大，形状结构复杂，暖管时注意暖阀速度，以防热应力过大而产生裂纹。法兰螺栓加热装置、轴封供汽系统、各辅助设备的供汽管道也应同时暖管。

（五）汽轮机冲转及升速

冲转时主汽阀前的主蒸汽过热度应至少有 50℃以上，当用电动主闸门或主汽阀的旁路阀来冲转时，调节汽阀全开。

1. 冲转前汽轮机的状态

（1）处于连续盘车状态（超过 4h）。

（2）主汽阀完全关闭（TV CLOSED）。

（3）调节阀门（GV）、再热主汽阀（RV）和再热调节阀门（IV）全开。

（4）主汽阀前蒸汽参数符合图 1-6 所示的主汽阀前启动蒸汽参数曲线（该曲线示出了主汽阀进口汽压、进口汽温和蒸汽室壁金属温度之间的关系）。它是在汽轮机能均匀地加热并有最佳的胀差，以及在汽轮机转速控制从节流调节转向喷嘴调节时使蒸汽室处热冲击最小的情况下制定的。

（5）真空破坏门应关闭。

（6）汽轮机所有疏水阀开启。

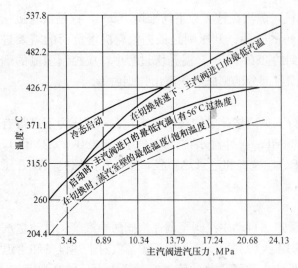

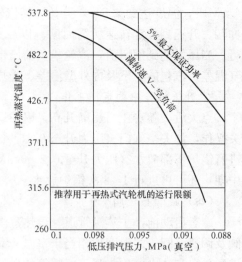

图 1-6　主汽阀前启动蒸汽参数曲线　　　图 1-7　再热汽轮空负荷和
低负荷运行导则图

（7）排汽压力尽可能低，而且不大于再热汽轮机空负荷和低负荷运行导则图（如图 1-7 所示）上全速空负荷曲线所给出的再热蒸汽温度和排汽压力限制的组合值。不遵守规定的排汽压力限制，将会导致叶片损坏或汽轮机动、静部分之间的摩擦，造成严重事故。

（8）轴向位移、低油压（润滑油压、抗燃油压）、电超速、发电机断水、振动（瓦振动、轴振动）、大轴弯曲、胀差、机炉电大连锁等保护投入。

（9）DEH 系统投运。

（10）大轴弯曲度不超过原始值 0.03mm。

（11）发电机-变压器组已恢复备用（包括发电机出口隔离开关已在合闸位置）。

2. 冲转条件

（1）冲转前主蒸汽压力为 4.2MPa，主蒸汽温度为 320℃，再热蒸汽温度>260℃。

（2）凝汽器真空>0.089MPa。

（3）润滑油压为 0.096~0.13MPa，润滑油温为 29℃<t<35℃。

（4）EH 油温>21℃，EH 油压力为 12.4~14.5MPa。

（5）转子偏心度<0.076mm。

（6）汽缸上下壁温差<42℃。

3. 冲转及中速暖机（液调状态）

当冲转条件具备时，接值长命令，通知汽轮机各岗位汽轮机冲转。主要操作如下：

（1）解除大轴弯曲表。

（2）摇启动阀至"0"位复位。电磁控制阀复位。顺时针缓慢摇启动阀，使危急遮断器挂闸。高、中压主汽阀开启 20%~50% 开度。疏水及二次暖管 10min。注意盘车不应脱扣。

（3）继续缓慢摇启动阀，全开高、中压主汽阀，稍开调速阀门，使汽轮机冲转。注意盘车应自动脱开并停止，否则打闸停机，手动脱扣盘车。

（4）以 100r/min 的升速率升至低速 500r/min 或 600r/min，在此转速下稳定 5min，听音，并迅速对机组作全面检查。

（5）夹层联箱温度达 250~300℃时，投入夹层加热，全开夹层加热进汽门。根据高压内缸上、下温差，用夹层加热联箱手动门控制进汽量，使温差、胀差在限制范围内。

(6) 确认机组一切正常后，以 100～150r/min 的升速率升至 1200r/min，中速暖机 30min，并检查所有监视仪表，确认状态良好。

(7) 当高压内缸下壁温度≥200℃时，中速暖机结束。

4. 过临界转速及高速暖机

(1) 继续以 100～150r/min 升速率升速，过临界转速应以 200～300r/min 速度快速通过。当转速达 2000r/min 时，高速暖机，并停用顶轴油泵。

(2) 注意记录振动值，检查机组各部正常，当高压内上缸壁温>250℃，轴承盖振动<0.03mm，高、中压缸膨胀值>7mm，高、中压缸胀差<3.5mm，并趋于稳定时，中压排汽口处上半内壁温度>130℃，其他控制指标正常，高速暖机结束。

(3) 高压缸排汽止回门复位并开启。

(六) 升至全速

(1) 升速至 2700～2850r/min 时启动阀摇尽，注意调速系统动作正常，用同步器继续升速至 3000r/min。

(2) 机组达额定转速时，全面测量轴承振动，振动值不大于 0.05mm，并要求汽轮机各监视值正常。

(3) 在整个升速过程中，应保持整个汽轮机蒸汽和金属温度限制值（见图 1-6）及各监视仪表的限制值在规定范围内；同时应注意排汽温度达 80℃时，低压缸喷水装置应投入。

(4) 特别注意在升速过程中，应迅速平稳地通过临界转速，过临界转速时轴承振动值不应大于 0.1mm，否则打闸停机。

(5) 升速过程中，注意主油泵出口油压变化是否正常，若有异常，打闸停机。

(6) 发电机氢气冷却器和励磁机空冷器通水。氢气压力、温度、纯度应符合规定，密封油与氢气压差、密封油压、油温应符合规定。

(7) 按图 1-7 曲线检查，要满足再热汽轮机空负荷和低负荷运行导则中所述的"空负荷"限制条件。汽轮机再热汽温应在图 1-7 中空负荷曲线以下。在空负荷下不应长时间运行，否则会使低压缸过热，导致汽轮机中心线破坏，并产生较大振动。

(七) 全速后试验

(1) 手打危急保安器试验

1) 联系锅炉、电气，得到值长同意后进行试验。

2) 就地手打危急保安器按钮或集控室手动电磁遮断阀按钮，检查主汽阀、调速阀门应关闭，高压缸排汽止回门关闭，且转速下降。

3) 迅速退回同步器和启动阀，电磁控制阀复位，使危急遮断器滑阀挂闸后，以 200～250r/min 升速率恢复到 3000r/min。

(2) 危急遮断器喷油试验

(3) 发电机试验

(八) 并网及带初负荷

大容量的单元机组一般采用自动准同期法并网。所谓准同期法并网，是在发电机电压、相位、频率三者与电力系统一致情况下的合闸并网。显然，这样可避免并列时对发电机产生较大的冲击电流。自动准同期法是根据系统频率检查等待并网发电机转速，并发出电脉冲调节发电机转速，通过电压自动调节装置（AVR）调节转子励磁回路的励磁电流，改变发电机电压，待参数都符合并网要求时，合上主断路器，使发电机与系统并列。调频率、调电压及合主断路器，全由运行人员手动操作的称手动准同期，三项工作中有一项以上为自动的，即为半自动准同期。

并网过程为在 DEH 系统控制方式中投"自动同期"方式，按下励磁系统，启动逻辑按钮，合上灭磁开关，调整定子电压和发电机三相电流，符合要求，投同期表；将并网断路器的同期选择开关切至"手动"位置，确认发电机转子电压、电流和励磁机励磁电压、电流及发电机电压均达到规定值；当压差表和频差表指示为零时，将并网断路器的同期选择切至"自动"，主断路器自动合闸，并网成功。

并网后，为使机组不致于产生逆功率，应强迫带上一定的初负荷（5%～10%额定负荷）。此时锅炉燃烧不变，逐渐开大调节阀门（或主汽阀，主汽阀旁路阀）加大蒸汽流量，会使得转子与汽缸之间的温差增大，故需要一段时间的初负荷暖机时间，一般不少于30min，可利用这段时间对机组作一次全面检查和一些必要的调整。

（九）升负荷至额定负荷

（1）初负荷暖机结束后，锅炉加强燃烧，引进型 300MW 机组以 1.7MW/min 的升负荷率，锅炉以 1～1.5℃/min 升温率，0.05MPa/min 升压率增加负荷。当二次风温达 180℃ 以上时，启动制粉系统并投静电除尘器，检查确认锅炉本体各疏水门已全部关闭，主蒸汽系统、再热蒸汽系统、主汽阀壳体等疏水门逐渐关闭，整个升负荷过程应按表 1-1 保持负荷与蒸汽参数的匹配关系。

表 1-1　　　　　优化引进型 300MW 机组负荷与蒸汽参数的匹配

负荷（MW）	主蒸汽压力（MPa）	主蒸汽温度（℃）	再热蒸汽温度（℃）
15	4.2	320	
30	4.9	330	280
60	6.7	480	325
105	9.31	450	400
150	11.96	538	490
240	16.56	538	538

（2）当胀差变化过快时，应停止滑升参数和负荷，进行暖机。在升负荷过程中，机组出现异常振动时，应减负荷直到异常振动消除为止，并在此负荷下暖机 20～30min，查明原因并消除后再继续升负荷。当高、中压外下缸外壁温度达 320～350℃ 时，机组胀差在允许范围内，停夹层加热。

（3）当负荷升至 30%额定负荷左右时，准备启动汽动给水泵，并随负荷增加逐渐进行汽-电给水泵切换，然后启动另一台汽动给水泵。倒换厂用电，由本机组供给。切换除氧器和辅机蒸汽汽源，压力由低压至高压依次投入高压加热器运行，检查确认各轴封调整门在自动位置，动作正常。

（4）当负荷达 40%额定负荷时，根据需要将高、低压旁路系统投入备用，投疏水泵运行，将各加热器疏水并入凝结水系统。

（5）当负荷到 70％ 额定负荷时，逐渐退出油枪，锅炉进行一次全面检查。根据真空的需要，投另一台循环水泵运行。

（6）当负荷超过 70％ 额定负荷以上，主蒸汽参数趋于额定值，凝汽器真空正常，可进行真空严密性试验。当主蒸汽参数达到额定值时，滑压结束，机组改为定压运行，直至带上额定负荷。当带上满负荷后，机组进行一次全面检查，确认一切正常，各种保护均已投入，且各种自动投入正常，保持机组正常运行。

优化引进型 300MW 机组启动过程中控制数据见表 1-2。

表 1-2　　　　　　　　　　机组启动及运行中的控制参数

序号	名称	单位	正常值	报警值	脱机值
1	主蒸汽压力	MPa	16.7	17.5	18.0
2	主蒸汽温度	℃	538	546	>567
3	再热蒸汽压力	MPa	3.25		
4	再热蒸汽温度	℃	538	546	>567
5	真空	kPa	−89	−84	−81
6	排汽温度	℃	<50	79	>121
7	调节级压力	MPa	11.77	13.8	
8	轴振动	mm	<0.075	0.125	0.254
9	轴向位移（调速器端）	mm	>0.381	0.381	0.25
	（发电机端）	mm	<2.61	2.16	2.28
10	胀差（转长伸长）	mm	<18.22	18.22	18.98
	（转子缩短）	mm	>1.76	1.76	1.0
11	转速	r/min	3000		3300
12	轴承金属温度	℃	<90	105	109
13	推力轴承金属温度	℃	<85	99	107
14	发电机励磁机轴承金属温度	℃	<85	99	107
15	主油箱油位	mm	±100	±152	
16	冷油器后油温	℃	38~45	49	
17	润滑油压	MPa	0.098~0.126	0.08	0.038~0.048
18	轴承回油温度	℃	60~71	76	82
19	EH 油箱油位	mm	498±60.52	高 558.8 低 438	
20	EH 油压	MPa	12.4~14.5	10.2	
21	EH 油温	℃	37~54	60	
22	轴封母管压力	MPa	0.025~0.03		

二、强制循环锅炉单元机组冷态启动的特点

强制循环锅炉又称控制循环锅炉或辅助循环锅炉，其所配的单元机组启动顺序与自然循环锅炉单元机组类似，但由于强制循环锅炉的蒸发系统配备了强制循环泵以及过热蒸汽系统

中配有5%启动旁路（有些强制循环锅炉未装），机组启动的时间大大缩短，安全性和经济性提高。与自然循环锅炉单元机组相比，强制循环锅炉启动有以下特点。

1. 升压过程中汽包工作安全

自然循环锅炉在升压初期，由于汽水循环弱，汽包壁受热不均匀，受金属传热限制，汽包上、下壁和内、外壁有温差，这些温差给汽包带来很大热应力，从而限制了升压速度。而强制循环锅炉的汽包结构不同于自然循环锅炉。其汽包容量较小，汽包内有弧形衬板，上升管束的汽水混合物从汽包顶部引入，沿弧形衬板与内壁之间的通道自上而下流动，然后进入汽水分离装置。这样，整个汽包内壁与汽水混合物相接触，其上、下内壁温度基本相同，无汽包上、下壁温差。点火前，强制循环泵已投运，建立了可靠水循环。点火后，汽包受热比较均匀。这当然有利于升温升压速度的提高，缩短启动时间。

2. 水循环的安全性

自然循环锅炉在升温升压初期，水循环弱，要采用加强水循环的措施，如采用邻炉蒸汽加热装置、均匀对称地投运燃烧器、下联箱放水等。而强制循环锅炉由于依靠循环泵进行强制循环，点火时，即使炉膛热负荷不均匀也不会影响水冷壁安全。这是因为启动初期的循环倍率较大，管内有足够水量流动，而且给水、锅水经汽包、循环泵混合后进入水冷壁，水温较均匀。因此，其点火启动中无需采用特殊措施来改善水冷壁的加热情况。

3. 省煤器保护

自然循环锅炉是通过再循环管在点火启动初期保护省煤器的，这种保护方法操作复杂。在锅炉上水时，再循环阀应关闭，否则给水将由再循环管短路进入汽包，使省煤器得不到应有的冷却。而强制循环锅炉在25%~30%额定负荷之前，依靠循环泵对省煤器进行强迫循环，循环水量大，保护可靠。此时再循环阀不需频繁的开、关操作，可保持全开状态。在锅炉负荷大于25%~30%额定负荷后，循环阀关闭。

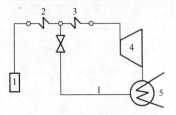

图1-8 强制循环锅炉
5%启动旁路图
1—汽包；2—包覆过热器；3—过热器；4—汽轮机；5—凝汽器
I—5%启动旁路

4. 5%启动旁路的作用

对配有5%额定流量启动旁路（见图1-8）的强制循环锅炉冷态启动，一般不投用机组旁路。

强制循环锅炉的水循环动力主要来自炉水循环水泵。启动时水循环不会有不安全问题，锅炉可以维持较低热负荷运行。这时产生的少量蒸汽即可开始暖管和冲转暖机，大大缩短了启动时间，同时也提高了安全性和经济性。这时汽温、汽压参数的匹配就靠5%启动旁路，开大5%启动旁路，可降低汽压，提高汽温；反之，关小5%启动旁路，可提高汽压，降低汽温。

5. 再热器运行

强制循环锅炉单元机组冷态启动，由于只采用5%启动旁路，在启动初期，再热器无蒸汽通过，处于干烧状态。这时再热器除本身采用耐高温材料之外，运行中应严格控制锅炉的出口烟温。在机组并网前，炉膛出口烟温不大于540℃，当超过此限时，应减小锅炉燃烧率。

6. 强制循环泵的运行

强制循环泵启动前，必须先注水排出电动机和泵内空气。电动机外壳温度必须小于

60℃，否则不允许启动。强制循环泵投运后，要确保电动机冷却水系统正常。强制循环泵启动、运行时要注意泵的压差变化和汽包水位变化。汽包水位应上升至较高水位。第一台强制循环泵在点火前启动，第二台泵一般在锅炉起压后，汽机冲转前投运，第三台作备用。强制循环泵工作条件较恶劣，长期在高压、高温下运行，所以运行中一定要对其严加监视。

图1-9为某350MW强制循环锅炉单元机组的冷态滑参数启动曲线。该机组从锅炉点火到汽轮机开始冲转时间接近2h，而同容量的自然循环锅炉单元机组该段时间大约是其一倍。冲转参数为6MPa，360℃，低速检查为500r/min，中速暖机为2000r/min（时间约2h），这时主蒸汽压力维持不变。暖机结束后，锅炉继续升压，并以250～300r/min的升速升到额定转速。并网时主蒸汽压力为7.5MPa，带上5%额定负荷，此负荷下暖机40min。暖机结束时汽压约为10MPa。以后随着负荷增加，汽压逐渐提升到额定值。当负荷升至75%额定负荷时，主蒸汽温度和压力均达到额定值（即达到538℃，16.5MPa）。主蒸汽压力由6MPa升至额定值，采用0.07～0.15MPa/min升压率，在60%额定负荷之前取下限，而在较高负荷阶段取上限。从汽轮机冲转到并网，主汽温的升高是缓慢的，在140min内只升高80℃。机组从冷态到带满负荷的全过程只需约5h，而同容量的自然循环锅炉单元机组需要8h。

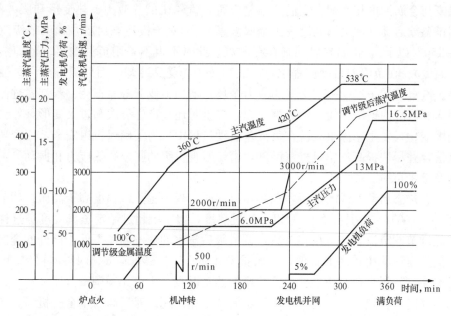

图1-9 350MW强制循环锅炉单元机组的冷态滑参数启动曲线

三、汽包炉单元机组的热态启动

当机组停运时间不长，机组部件温度还处于较高温度水平时，再次进行机组的启动操作，称为热态启动。热态启动与冷态启动操作的区别在于机组冲转前金属部件温度的始点不同。热态启动时，如果操作不当，机炉配合不好，也会发生重大的设备损坏事故。

（一）热态启动的特点

高参数、大容量单元机组热态启动均采用压力法滑参数启动方式。热态启动的特点，概括讲有三点：一是启动前机组金属温度水平高；二是汽轮机进汽冲转参数高；三是启动时间短。

热态启动时，锅炉开始提供的蒸汽温度相对汽轮机金属温度而言较低，故应先将机炉隔绝，点火后，锅炉来汽经旁路系统送到凝汽器，直至蒸汽参数满足冲转要求。在该过程中，锅炉出口汽温在保证安全的前提下升高较快，而压力的上升速度要相对慢一些。解决该问题的措施主要有提高炉内火焰中心位置、加大过剩空气系数、排放饱和蒸汽等。在锅炉升温升压过程中无需暖管，这是因为蒸汽管路的温度还未来得及降低很多。

有的机组是根据汽轮机寿命管理曲线来确定启动参数和控制指标的。如没有该曲线，可利用冷态滑参数启动曲线，按高压缸上缸内壁温度，在曲线中找出对应的工况点和初负荷值。启动时一般在 5～10min 内完成冲转、升速。若检查无异常，则不需暖机（金属温度水平较高）可升速至额定转速，此后发电机应尽快并网带负荷。并网后以每分钟 5%～10% 额定负荷的升负荷速度加至初负荷。不允许在初负荷点之前作长时间停留，以免冷却汽轮机金属。其后可按冷态滑参数启动曲线滑升负荷，操作工作与冷态滑参数启动的操作过程相似。

（二）热态滑参数启动中应注意的问题

1. 冲转蒸汽参数的选择

由于热态启动前，汽轮机金属部件已有较高温度，因此只有选择较高的冲转参数，才能使蒸汽温度与金属温度相匹配。它们的温差应符合汽轮机的热应力、热变形和胀差的要求，最好采用正温差启动（即蒸汽温度高于金属温度）。但对于极热态启动（如调节级汽缸和转子温度在 450℃ 以上），正温差启动则存在困难，此时不得不采用负温差启动（即蒸汽温度低于金属温度）。在负温差启动过程中，汽缸和转子先受到冷却，而后随着蒸汽参数升高其又被加热。汽缸和转子经受一次交变的应力循环，增加了疲劳寿命损耗。若汽温过低，则会在转子表面和汽缸内壁产生较大的热拉应力，严重时还会产生裂次和过大变形，导致动、静部件的间隙变化，发生摩擦事故。在负温差启动过程中，为了确保机组安全，要密切监视主蒸汽温度值，并尽快提高汽轮机进汽温度，密切监视机组的胀差、热应力和振动等，尽快升速、并网及接带负荷。

对于没有热态启动曲线的机组，在热态启动时，规定主蒸汽温度高于高压缸调节级上缸内壁温度 50～100℃，并且要有 50℃ 以上的过热度，但不能超过额定蒸汽温度。这样可以保证主蒸汽经调节阀节流和调节级膨胀后，调节级后汽室的蒸汽温度不低于该处的金属温度。

冲转的汽压应采用较高的数值，一般推荐不低于 3～5MPa，这样易使冲转温度满足要求，并且能使汽轮机迅速升速，接带负荷至初始工况点，中途无须调整汽压。

热态启动时，再热汽温也应与中压缸金属温度相匹配。对于高、中合缸机组，还应保持再热汽温与主蒸汽温度接近，这样既减少汽缸的轴向温差，又保证中压缸不致于受到低温蒸汽的冲击。但是，在相同蒸汽流量下，由于再热管道长、直径大、疏水多，再热汽压比主汽压低，排汽、疏水能力差，往往主蒸汽温度达到了冲转要求，而再热汽温仍较低。但由于中压缸采用全周进汽，再热蒸汽经中压调节阀门节流后直接进入中压缸，汽温下降不大，进汽较均匀，对加热有利。另外，热态启动时，再热汽压并不高，蒸汽与缸壁放热系数较小，因此，在某种程度上可以允许一定的负温差。表 1-3 为国产引进型 N300-16.7/537/537 机组启动状态划分及冲转参数选择表。该机组冲转选择主蒸汽温度时考虑到与汽机金属相匹配，使调节级后蒸汽温度与高压缸内上壁温差满足 28℃（允许值为 -20～110℃），并利用"主蒸汽温度-调节级后蒸汽温度"曲线（见图 1-10）查出主蒸汽温度。

表 1-3　　　　　　　　　　　　启动状态划分及冲转参数选择表

启动方式	第一级后内缸上半壁温度（℃）	冲 转 参 数				初负荷（MW）	升荷率（MW/min）
		主汽压力（MPa）	主汽温度（℃）	再热汽压力（MPa）	再热汽温度（℃）		
冷态	<150	4.9	330~360	0.1~0.2	300~330	25	1.7
温态	150~300	7.34	400	0.1~0.2	350	25	3
热态	300~400	9.8	460	02.~0.3	420	40	5
极热态	>400	12.74	≥510	0.3~0.4	≥480	60	6

　　近年来大容量再热机组常根据汽轮机寿命管理曲线来确定启动冲转参数和控制指标。这种启动方法是：根据第一级处内缸金属温度和选定的汽温-缸温失配值，以及选定的冲转汽压，可得出冲转的汽温、升速率，并可以确定并列前是否要定速暖机（包括暖机时间）；在并列前，根据再热汽温和中压缸内壁温度的失配情况，查出初负荷及初负荷下的暖机时间；再根据启动过程中所需达到的转子金属温升量和选定的寿命损耗率（转子金属温升量是用汽缸金属温升量来近以代替的），可查得初负荷以后的升负荷过程中应保持的金属温升率。此方法的实质是根据蒸汽与金属的温差和选定的转子寿命损耗率来决定加热速度（启动速度），使热应力值控制在材料疲劳强度以下。

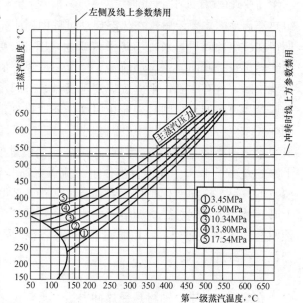

图 1-10　冲转初期主汽压力下，主蒸汽温度
—调节级后蒸汽温度曲线

　　2. 上下缸温差及转子热弯曲

　　由于汽轮机经过短时间停机后，其各部件的金属温度还比较高，且停机后，各部件因冷却速度不同而存在温差，因此，处于热状态的汽轮机在启动前就存在一定的热变形，动、静部件间的间隙已经发生变化。若热态启动前热变形超过允许值或启动过程中操作不当，都将造成动、静部件的严重磨损和大轴弯曲等事故。

　　汽轮机停机冷却 τ 时间后，其任一点的金属温度 t 与停机开始时刻该处温度 t_0 及大气温度 t_a 之间的关系可表示为

$$t = t_a + (t_0 - t_a)e^{K\tau} \qquad (1-4)$$

式中　K——与汽轮机尺寸、冷却条件、热绝缘状态有关的系数。

　　根据式（1-4）可得出上、下汽缸的温度变化如图 1-11 所示。图 1-11 中还示出汽轮机转子弯曲值 f 的变化情况。停机开始时，f 值因上、下缸温差增大而逐渐增加，经过 τ_{max} 达到最大值 f_{max}，继续冷却时，f 值又逐渐减小，当经过一段时间后（随机组类型、容量不

同而异），上、下缸温差基本消失，转子弯曲值才又恢复正常。

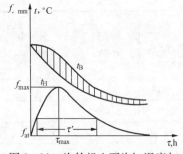

图 1-11　汽轮机上下汽缸温度与
转子弯曲值随停机时间变化曲线

上、下缸温差最大可达 60℃，个别情况甚至可到 100℃，由此而产生的转子最大弯曲值 f_{max} 达 0.1～0.3mm。若此时启动，将使动、静部分发生严重磨损，引起机组强烈振动（为此，图 1-11 上有一段停机后禁止启动时间 τ'）。因此一般高参数单元机组启动前，要求转子的最大弯曲值不超过 0.03～0.04mm。

虽然停机后连续盘动转子可避免因径向温差产生热弯曲，但汽缸仍可能由于上、下缸温差过大而变形，以致使转子和汽封发生摩擦。因此，上、下缸温差就成为限制机组热态启动的主要矛盾。在热态启动过程中，汽轮机从冲转到带上初负荷的时间较短，不能期待在机组冲转后再来矫正转子热弯曲，因此，要求热态冲转前连续盘车不应少于 4h，以消除转子暂时弯曲。若启动前转子挠度超过规定值，还应延长盘车时间。盘车应连续，不要出现中断，若有中断，则应按规定延长盘车时间。在盘车时，应仔细听音，检查轴封处有无金属摩擦声，如有，则必须停止启动，采取措施消除后，方可再启动。在热态启动中过程，同样要求双层缸内缸上、下缸温差小于 35℃，对调节级要求上、下缸温差小于 50℃。随着机组容量的增加，要求将会更严、更高。如引进的日产 350MW 机组，其热态启动规定上、下缸温差小于 42℃。在运行操作上，应做好防止汽轮机进冷汽的措施，根据主蒸汽、再热蒸汽的汽温、汽压变化趋势，合理调整旁路站开度，保证站前、站后温度没有突变，并保持上升趋势。进行锅炉燃烧调整时，要与旁路站的调节密切配合，当主蒸汽压力变化时，保证蒸汽有 50℃ 以上过热度，以防汽轮机侧蒸汽参数压力高而汽温低，使得进汽阀与旁路站冒白汽，汽缸进冷汽。

3. 轴封供汽问题

在热态启动中，轴封是受热冲击最严重部位之一。热态启动时，轴封段转子温度也很高（仅比调节级缸温低 30～50℃），如果轴封供汽温度与金属温度不匹配，或大量的低温蒸汽、冷空气经轴封进入汽缸，则会使轴封段转子因剧烈冷却而收缩。这不仅使转子产生较大的热应力，还会引起前几级轴向间隙减少，甚至导致动、静部件的摩擦。因此，一般高参数机组都配置有高、低温两套轴封汽源。如对国产引进优代型 300MW 机组规定，当汽缸金属温度在 150～300℃ 以内时，轴封用低温汽源；当汽缸金属温度高于 300℃ 时，应投高温汽源。热态启动时，高温轴封汽源的温度应与轴封处金属温度相匹配，并且要求高温汽源有一定的温度裕度。由轴封供高温蒸汽，不仅能保护转子轴封免受冷却，而且能有效地控制高压胀差。此外，热态启动与冷态启动区别的另一个方面就是热态启动时必须先向轴封供汽，后抽真空。若不先向轴封供汽就开始抽真空，则大量的冷空气将从轴封段被吸入汽缸，使轴封段转子收缩，胀差负值增大。

在运行操作上，轴封供汽管路投入前要充分暖管疏水，以防蒸汽带水进入汽轮机。具有高、低温轴封汽源的机组，冷源切换时要谨慎，避免切换过快，以防轴封汽源急变造成热冲击和胀差的变化。现代大型机组高、中压转子轴封段均不采用套装的轴封环，但低压轴封段仍是套装的。轴封环对轴有保护作用，其本身的预紧力、热应力对轴封温度变化较敏感，所以也应注意。

一些引进的国外机组对轴封段转子表面温度的匹配问题十分重视。图 1-12 为某制造厂制定的轴封蒸汽温度失配与每年允许出现次数的关系曲线。如果温度失配值为 160℃，每年只允许出现 28 次，如果温度失配值 111℃，每年可允许出现 250 次。

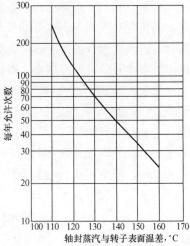

图 1-12 轴封蒸汽温度失配与每年允许出现次数曲线

4. 热态滑参数启动过程中应注意的其他问题

（1）由于热态启动机组升速快，且不需暖机，要注意润滑油温应不低于 38℃（引进优化型 300MW 机组规定润滑油温不低于 35～40℃），以防油膜不稳引起机组振动。

（2）为降低汽轮机各部件的冷却程度，定速后尽快并网，且不允许在初负荷之前作较长时间停留。各种辅助设备的启动也要紧凑，并且汽动给水泵应及早运带负荷，以防影响主机升负荷速度。

（3）热态启动时，应保持较高真空，保证疏水畅通，这有利于汽温的提高。

（4）热态启动时间短，应严格监视振动，严格执行紧急停机规定。

（三）热态滑参数启动实例

图 1-13 为某 300MW 机组热态滑参数启动曲线。

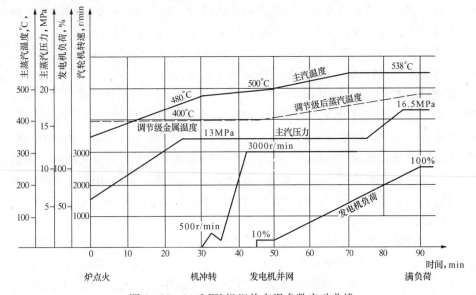

图 1-13 300MW 机组热态滑参数启动曲线

由该图看出热态滑参数启动过程为

（1）冲转参数。冲转压力为 13MPa、主蒸汽温度为 480℃（调节级金属温度为 400℃）。

（2）启动方式。高、中压缸联合启动。

（3）低速检查。冲转至 500r/min，经检查无异常方可升速，升速率一般不小于 200r/min。

（4）并网及接带负荷。以不低于 200r/min 的升速率升至 3000r/min，准备并网。并网后机组立即带上 10% 额定负荷。

（5）升负荷。按热态滑参数启动曲线升温升压，以一定的升负荷率（如 4MW/min）升负荷，当负荷升至约 50％额定负荷时，主蒸汽温度达到额定值 538℃；当负荷升至约 70％额定负荷时，进入滑压升负荷阶段；负荷升至约 90％额定负荷时，主蒸汽压力达到额定值 16.5MPa，机组滑参数升负荷过程结束。以后则用增加调节汽阀的开度来增加负荷（定压运行）。

该机组从锅炉点火到汽轮机达到冲转参数只需 30min。从汽轮机冲转、升速至定速、并网及升负荷到 70％额定负荷，主蒸汽压力始终保持在 13MPa，这都需要大容量旁路系统的配合。机组在 70％～90％额定负荷期间，主蒸汽压力以较快的速度升至额定值，大约经历了 10min，平均以 0.35MPa/min 的速度升压。从 10％初负荷暖机到 100％额定负荷，只用了 40min，整个机组启动只需约 90min 的时间。

课题四　直流锅炉单元机组的启动

教学目的

掌握直流锅炉单元机组滑参数启动特点及操作程序。

在直流锅炉的单元机组中，就直流锅炉本身而言，其厚壁部件只有联箱和阀门等，所以它的启动时间可以大大缩短。但是由于汽轮机暖机持续的时间比锅炉的升温升压时间长，若采用锅炉在启动完毕到额定参数后再启动汽轮机的顺序，则会造成锅炉长时间处于低负荷下运行，使大量的工质和热量被损失掉。为缩短启动时间，减少启动损失，要求机、炉差不多同时启动，这在直流锅炉机组中称为锅炉和汽轮机成套启动。显然滑参数启动法可使机、炉差不多同时启动，所以特别适合于直流锅炉的单元机组启动。

一、直流锅炉单元机组启动特点

直流锅炉单元机组进行滑参数启动时，炉、机在同一时间内对蒸汽参数的要求是不同的。锅炉要求有一定的启动流量和启动压力。启动流量对受热面的冷却、水动力的稳定性以及防止汽水分层都是必要的。当然启动流量过大也会造成工质和热量损失增加，使启动时间延长，所以一般规定启动流量为额定值的 25％～30％。直流锅炉启动保持一定的压力对改善水动力特性，防止脉动、停滞，减少启动时的汽水膨胀量都是有利的。300MW 机组配备的直流锅炉启动压力为 7～8MPa。

汽轮机在启动时主要是冲转和暖机，它要求的蒸汽压力和流量是不高的。为解决直流锅炉单元机组这种启动时炉与机要求不一致的矛盾，也为了使进入汽轮机的蒸汽具有相应压力下 50℃以上的过热度，更为了回收利用工质和热量，减少损失，直流锅炉机组都安装了带有启动分离器的启动旁路系统。

1. 启动旁路系统的作用

（1）建立启动压力和启动流量，保证给水连续地通过省煤器和水冷壁，尤其是保证水冷壁的足够冷却和水动力的稳定性。

（2）回收锅炉启动初期排出的热水、汽水混合物、饱和蒸汽以及过热度不足的过热蒸汽，以实现工质和热量的回收。

（3）在机组启动过程中，实现锅炉各受热面之间和锅炉与汽轮机之间工质状态的配合。

单元机组启动过程初期，汽轮机处于冷态，为了防止温度不高的蒸汽进入汽轮机后凝结成水滴，造成叶片的水击，启动系统应起到固定蒸发受热面终点、实现汽水分离的作用，从而使给水量调节、汽温调节和燃烧量调节相对独立，互不干扰。

2. 启动旁路系统的特点

需要指出的是，启动旁路系统不仅在启动过程中需要，而且在停运和事故情况下也是必需的。

直流锅炉的启动旁路系统，主要是指启动分离器及与之相连的汽水管道、阀门等，严格地说，还应包括高、低压旁路系统。按启动分离器正常运行时是否参与系统工作，可以分为具有外置式分离器的启动旁路系统和具有内置式分离器的启动旁路系统。

（1）具有外置式分离器的启动旁路系统的特点。具有外置式分离器的启动旁路系统只在启动和低负荷时投用，正常直流运行中切除。

当启动进行到一定阶段后，需进行"切分"操作（使分离器与锅炉汽水系统解列），但很难达到理论上的"等焓切换"，由此引起锅炉汽温下跌或超温，影响安全运行。正常运行时分离器是冷态，停炉过程进行到一定时间需投入分离器时，会产生较大的热冲击。

启动系统复杂，启停操作频繁，难以实现程控和自控，更难以适应调峰要求，适用于定压运行机组。国产300MW机组采用了将启动分离器放在一、二级过热器之间的外置式启动旁路系统，见图1-14。

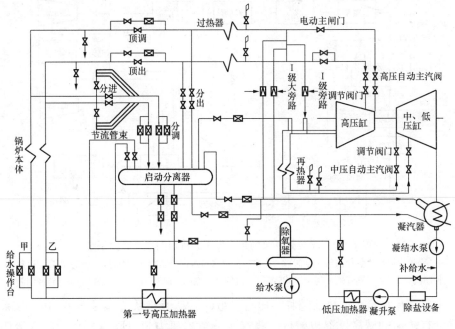

图 1-14　300MW 直流锅炉单元机组启动旁路系统图
（锅炉本体包括省煤器、水冷壁、炉顶过热器）

（2）具有内置式分离器的启动旁路系统的特点。具有内置式分离器的启动旁路系统是指在启动和低于直流负荷运行时，分离器如同汽包一样，起到汽水分离作用，在高于直流负荷运行（即直流运行）时，汽水分离器为干态运行，仅起一连接通道的作用。

内置式启动分离器设置在蒸发段与过热段之间，没有任何隔绝门。其优点是操作简单，不需切除分离器，但分离器要承受锅炉全压，对其强度和热应力要求较高。具有内置式分离器的启动旁路系统适用于变压运行锅炉。其系统简单，操作方便，能适应不同运行方式（如频繁启停、中间负荷、低负荷及变压运行）的需要。

3. 几种典型的启动旁路系统

（1）启动分离器和启动分离水箱。具有外置式分离器的启动旁路系统，当启动分离器压力达到额定值时，机组负荷已达约 30% 额定负荷，即可切除启动分离器，但仍处于备用状态，以备启动过程中甩负荷时用。国外采用的超临界压力机组的启动系统中，有的将汽水分离器与启动分离水箱合为一体。国内第一台 600MW 超临界压力机组（上海石洞口第二电厂）采用一个汽水分离器。而有的公司设计则采用 4 个汽水分离器合用一个启动分离水箱，这样可以减少分离器的直径和壁厚，减少热应力，有利于快速的负荷变化和频繁的启停。

（2）带再循环泵的超临界压力机组的启动旁路系统，见图 1-15。再循环泵用以确保炉膛管圈中的质量流速，保证启停和低负荷运行的安全性，再循环泵仅在低于直流负荷以下时运行。如果直流运行最低负荷为 25% 额定负荷，再循环量和给水流量的控制原则是使在启动和低负荷运行时，水冷壁工作流量为 25% 额定负荷。点火后，锅炉蒸发量随机组负荷的增加而增加，再循环流量逐渐减少，高压加热器来的给水量逐渐增加，保持水冷壁内的最低的工质流量（25% 额定负荷）。

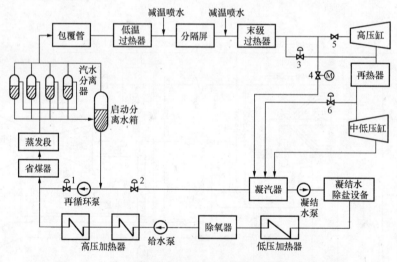

图 1-15 带再循环泵的超临界压力机组的启动旁路系统

1—锅炉再循环流量控制阀（Q阀）；2—启动分离水箱水位控制阀（P阀）；3—汽轮机高压旁路
控制阀；4—主蒸汽管疏水阀（MSPD）；5—汽轮机主汽阀（MSV）；6—汽轮机低压旁路控制阀

（3）带启动疏水给水加热器超临界压力机组的启动旁路系统，见图 1-16。该系统的最大优点是没有转动机械，投资也较低。当汽水分离器压力超过除氧器压力时（滑压启动），疏水经启动疏水加热器对高压加热器出口给水加热，然后进入除氧器，再经给水泵、高压加热器进入省煤器，完成再循环。启动初期汽水分离器的疏水排入凝汽器。由于设置启动再循环泵或启动疏水给水加热器，大大降低了启动时的热损失。

（4）带大气式扩容器超临界压力机组的启动旁路系统，见图 1-17。从汽水分离器分离下来的疏水进入除氧及大气式扩容器，进入除氧器的疏水量受除氧器压力的限制。疏水进入大气扩容器，经扩容器水箱及疏水泵，排至凝汽器。大气式扩容器启动旁路系统最简单，投资最低，对于带基本负荷或不是两班制运行的机组可以采用这种系统。上海石洞口第二电厂超临界压力机组就是采用这种系统。这种系统虽然投资低，但启动损失要比前两种系统大。

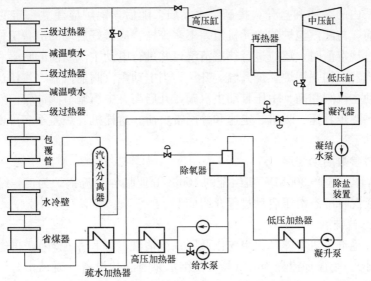

图 1-16　带启动疏水给水加热器超临界压力机组的启动旁路系统

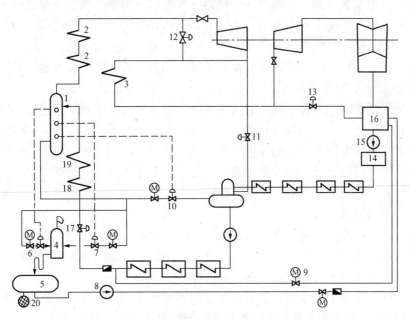

图 1-17　带大气式扩容器超临界压力机组的启动旁路系统

1—汽水分离器；2—过热器；3—再热器；4—扩容器；5—扩容器水箱；6—分离器疏水阀；
7—分离器水位控制旁路阀；8—疏水泵；9—锅炉清洗再循环管；10—分离器水位控制阀；
11—除氧器压力控制阀；12—汽轮机高压旁路；13—汽轮机低压旁路；14—除盐装置；
15—凝结水泵；16—凝汽器；17—给水控制阀；18—省煤器；19—水冷壁；20—地沟

大气式扩容器型启动旁路系统低负荷运行及频繁启停特性较差，适用于带基本负荷的机组。疏水热交换器型启动系统与再循环泵型启动系统低负荷运行特性及频繁启停特性则相对较好，适用于带中间负荷或两班制运行的机组。

直流锅炉单元机组采用压力法滑参数启动时，在锅炉点火之前，主蒸汽管道上的电动主汽阀（主蒸汽隔绝门）处于关闭状态。锅炉受热面及机组热力系统应进行冷态循环清洗，其目的是除去管系内的杂质和盐分，提高给水品质。随后，锅炉应建立一定的启动压力和流量。锅炉点火前，与配汽包炉的单元机组差不多一样，应做好启动的准备工作。点火后，当水中含铁量超过规定值时，还应进行热态清洗，并进行电动主汽门前的暖管和疏水。汽水经疏水管排入凝汽器，加强锅炉燃烧升温、升压。当电动主汽阀前汽温、汽压达到预定的冲转参数，开足电动主汽阀和高、中压自动主汽阀，开启高、中压调节阀冲转。然后，随着蒸汽参数不断提高，逐步升速、暖机、定速和并网带负荷。这样机、炉差不多可以同时启动，即所谓的成套启动。

二、冷态滑参数启动程序

现以 1-14 图中国产 300MW 机组配的 1000t/h 亚临界直流锅炉为例，结合目前国内直流锅炉的应用情况将冷态滑压启动过程介绍如下。

1. 机组冷态清洗

点火前，隔绝汽轮机本体，机组先作低压系统清洗（通称小循环），再进行高压系统清洗（通称大循环）。小循环流程为凝汽器→凝结水泵→除盐设备→凝结水升压泵→低压加热器→除氧器→凝汽器。大循环流程为凝汽器→凝结水泵→除盐设备→凝结水升压泵→低压加热器→除氧器→给水泵→高压加热器→省煤器→水冷壁→炉顶过热器→包覆管→启动分离器→凝汽器。清洗结束，要求省煤器进口水质含铁<50μg/kg，电导率<1μS/cm，分离器出口含铁<100μg/kg。这一过程对于新装炉及停炉较长后的启动更为必要。

清洗流量以大为好，可根据启动分离器的排泄能力及其回路的允许通流量来决定。

2. 建立启动流量和启动压力

启动流量是指在启动过程中锅炉的给水流量。启动压力是指启动过程中锅炉本体受热面内工质所具有的压力，一般以包覆管出口压力为依据。待水质化验合格，冷态清洗结束后，给水经给水旁路管道由给水泵及给水旁路的调整门和差压门维持纯直流锅炉需要的 25%～30%额定蒸发量的启动流量。由给水旁路调整门、启动分离器的"分调"阀及节流管束控制启动压力。1000t/h 直流锅炉启动压力为 7MPa。

3. 锅炉点火及工质加热

锅炉点火后，在点火初期，由于过热器和再热器内尚无蒸汽疏通，故要求根据所用钢材的耐热性能限制这两个受热面前的烟温（<540℃）；另外还应控制管系升温率，要求在低燃烧率下维持一定时间。工质允许最大升温速度如下：

（1）水冷壁系统中工质加热阶段的升温速度不大于 2.5℃/min（以包覆管出口工质升温速度为准），同时必须注意膜式水冷壁管与管间的温差不大于 50℃。

（2）过热器系统中的升温速度（以主蒸汽温度为准）如下：

400℃以下，10℃/min；

400～450℃，8.5℃/min；

450～500℃，7℃/min；

500～540℃，3.7℃/min；

540℃以上，2℃/min。

启动分离器内最初无压力，随着燃烧的增强，工质温度逐渐上升。工质经启动分离器进口"分调"阀节流后进入分离器。当"分调"阀前工质温度超过大气压力下饱和温度时，分离器中即有蒸汽产生，开始起压。

当"分调"阀前工质温度小于150℃时，工质都经节流管束进入分离器。当该处工质温度达到150℃以上时，可开启节流管束旁路阀，即"分进"阀，节流管束解列出系。

4. 热态清洗

锅炉点火后，水温在260～290℃时除去氧化铁的能力最强，超过290℃时，氧化铁开始在受热面上发生沉积。因此，热态清洗时，控制包覆管出口水温不超过290℃，待水质合格后才能升温。包覆管出口水温在260～290℃范围的清洗过程称为热态清洗。热态清洗循环回路和高压系统冷态清洗相同。热态清洗结束时省煤器出口水含铁量应小于$50\mu g/kg$。

5. 锅炉本体的升温和升压

热态清洗结束后，可继续增加燃料量，进行锅炉本体（启动分离器之前的受热面）的升温升压。随着燃烧的继续，分离器压力逐渐提高。根据过热器壁温情况决定是否开启"分出"阀向过热器通汽。当"分出"阀开启时，应同时开启汽轮机旁路（Ⅰ级大旁路和Ⅰ级高压旁路），进行暖管。

6. 汽轮机冲转、升速与并列

启动分离器出来的低压蒸汽达到一定数值可供汽轮机冲转。关闭Ⅰ级高压旁路，通过调节Ⅰ级大旁路（去凝汽器）的开度来调节主蒸汽参数，使之符合冲转要求（主蒸汽压力1.5～2.0MPa、主蒸汽温度250℃左右）。此时开足高、中压自动主汽阀，由高、中压调节阀进行冲转。当转速达到300～500r/min时，作全面检查，并在此转速下进行低速暖机，暖机时间随机组的构造与型式而定。再热汽温要求接近过热蒸汽温度。

随着汽轮机转速升高，所需蒸汽量增多，汽轮机各部件温度逐渐升高，所以要求转速均匀升高。由低速500r/min升至1200r/min后，应中速暖机一段时间，再升到2000r/min进行高速暖机。到2800r/min以上时，调速器开始作用，用同步器升至额定转速（3000r/min），与所带发电机同步，并入电网，带上初负荷。

在汽轮机冲转至定速并列的过程中，要求主汽压力不变，而主汽温度（包括再热汽温）只允许有小幅度上升。冲转后，锅炉必须把工质的温升速率严格限制在2.5℃/min以下。升速主要依靠进汽流量的递增，一般达到定速并网时所需进汽量为7%～10%额定蒸发量，此蒸汽量可由汽轮机旁路系统来控制。在这一过程中，锅炉主要控制初始燃料量。所谓初始燃料量是指能满足汽轮机冲转、升速、并列所需的锅炉燃料量，它区别于前文提到的点火初期的低燃烧率。初始燃料量决定了此过程的最终主汽温度水平，它必须符合汽轮机的要求。初始燃料量与机组的结构和形式有关，如125MW机组的初始燃料量为18%～22%额定燃料量（高压加热器未投时）；300MW机组初始燃料量为15%～20%额定燃料量（高压加热器未投时）。

7. 锅炉工质膨胀阶段

随着锅炉热负荷的增加、工质温度继续上升，当辐射受热面中某处达到相应压力下的饱和温度时，此处工质开始汽化，工质比体积增大很多倍，将汽化点以后管内的水向锅炉出口排挤，使进入启动分离器的工质流量比锅炉入口流量大很多倍，这种现象称为工质膨胀。当启动分离器前受热面出口处工质温度达到饱和温度时，膨胀高峰将结束。如果膨胀量很大，将造成锅炉工质压力和分离器水位等难以控制。为此，要求合理控制锅炉燃烧率并及时控制"分调"阀开度，以及分离器的各排出量。

必须说明，究竟炉内辐射受热面的哪一点先达到其压力下的饱和温度（工质膨胀的开始），这一点的具体位置是不可能精确地知道的，因为不可能沿整个受热面都装设压力、温度测点和表计，通常只在各辐射区（如上、中、下辐射区）的出口处装设，所以只能近似地以某一辐射区出口温度达到饱和温度来判断膨胀的开始。而每一台锅炉的燃烧室结构以及燃烧器的布置位置不同，膨胀起始点的位置自然也不相同。

8. 切除启动分离器（内置式分离器的机组为汽水分离器的干、湿态转换）

当启动分离器压力升至额定值，机组带至一定负荷时（即在启动分离器额定压力下，汽轮机调速阀门处于一定的开度时），应及时而平稳地切除启动分离器，使过热器通流改由低温过热器出口直接供汽，即锅炉转入纯直流运行。

切除启动分离器是直流锅炉单元机组启动过程的一个重要阶段。该阶段的关键是既要防止主汽温度的大幅度变化（尤其是下降），又要防止前屏过热器管壁超温，以免危及机组的安全。切换操作应适当增加燃料量，提高"顶调"、"顶出"阀门前的工质焓值，使之尽量接近分离器内蒸汽的焓值，即实现所谓的"等焓切换"，可避免切换时造成汽轮机前主蒸汽量的大幅波动。随后关闭"分调"阀，开启"顶调"阀，启动分离器各排汇通道逐渐解列，将高压加热器和除氧器切换至正常汽源。

采用内置式分离器的大气式扩容器超临界压力机组的启动旁路系统的锅炉，启动时，只要锅炉的产汽量小于40%额定负荷，就会有剩余的饱和水通过汽水分离器排入除氧器或扩容器。换言之，当负荷小于40%额定负荷时，汽水分离器是处于有水位状态，即湿态运行。此时锅炉的控制方式为分离器水位控制及最小给水流量控制，其控制相当于汽包锅炉的控制方式。当负荷上升至不小于40%额定负荷时，给水流量与锅炉产汽量相等，为直流运行方式，汽水分离器已无疏水，进入干态运行，汽水分离器改作蒸汽联箱用。此时，锅炉的控制方式转为温度控制及给水流量控制。锅炉的控制方式从分离器水位及最小流量控制转换为蒸汽温度控制及给水流量控制，应该是很平稳地进行的。但直流锅炉的过热蒸汽温度与给水流量有密切关系，如果控制方式转换得不好，将会造成蒸汽温度的剧烈变化。要平稳地实现这个转换，必须首先增加燃料量，而给水流量保持不变，这样过热器入口焓值随之上升，当过热器入口焓值上升到定值时，温度控制器参与调节使给水流量增加，从而使蒸汽温度达到与给水流量的平衡。

9. 过热器升压升温至额定值

切除启动分离后，可以将汽轮机调速汽门全开，以锅炉"顶调"阀控制汽压和负荷的滑压方式来升负荷，并应控制升压速度在0.2MPa/min左右，直到将压力升至额定值。有的机组也有采用关小调节阀门，逐渐开大"顶调"阀，使过热器充压至开启"顶出"阀达额定压力的定压方式升压。在升压过程中，机组的负荷保持不变，有利于操作。也有在前阶段用滑压，后阶段用定压的，显然，这会使"顶调"阀长期节流易受磨损。

主蒸汽温度的上升速度取决于燃料的投入速度。由于直流锅炉没有厚壁的汽包，其出口联箱成为升温速度的限制元件。与厚笨的汽轮机相比，锅炉联箱的结构更简单，没有分开的法兰，径向尺寸也小，壁厚也薄，显然允许的升温速度要比汽轮机大。故冷态启动时升温速度必须根据汽轮机的允许值来制订，一般升温速度约为2.5℃/min，按此速度将蒸汽温度升至额定值。

10. 锅炉配合汽轮机升负荷

锅炉根据机组的升负荷曲线，按比例地增加燃料和给水，并升负荷至额定值，当机、炉均达满负荷时，成套启动结束。

图 1-18 为 300MW 直流锅炉单元机组冷态滑参数启动过程的操作及工质各参数的变化情况。

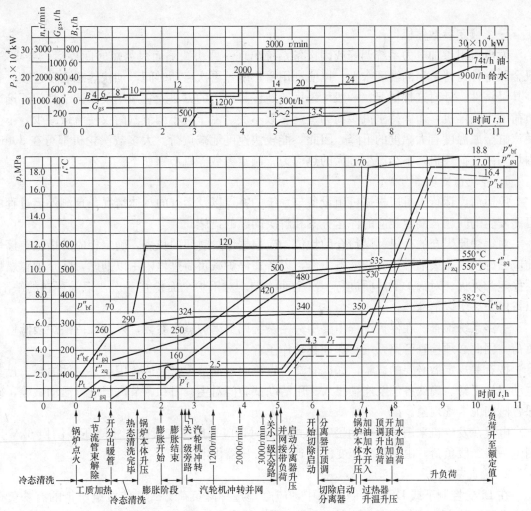

图 1-18　300MW 直流锅炉单元机组冷态滑参数启动操作及工质参数变化情况

P—电负荷；n—汽轮机转速；B—燃料（油）量；G_{gs}—给水量；p''_{bf}—包覆管出口压力（代表锅炉本体压力）；

p''_{gq}—过热器出口汽压；p'_{qi}—汽轮机入口汽压；p_f—分离器压力；t''_{bf}—包覆管出口温度；

t''_{gq}—过热器出口汽温；t''_{zq}—再热器出口汽温

随着对机组特性的掌握和操作的熟练，以上启动程序可以有所交叉。例如：由于锅炉本体的升压、升温和工质的膨胀过程有不可割裂的内在联系，故在操作熟练的情况下，可借工质膨胀进行升压、升温，两程序合二为一。又如：在热态清洗和工质膨胀阶段，若能控制好出口蒸汽参数，并使过热器等受热面不超温，也可与汽轮机冲转同时进行，这样可进一步缩短机组启动的时间。

课题五　单元机组的停运

教学目的

掌握额定参数停机及滑参数停机操作程序。

一、额定参数停机

发电机组参加电力系统调峰或因设备系统出现一些小缺陷而只需短时间停运，要求炉、机金属部件保持适当的温度水平，以便利用蓄热缩短再次启动时间，加快热态启动速度，提高其经济性。针对这种情况，一般可采用额定参数停机的方法。它采用关小调节汽门逐渐减负荷的方法停机，而保持主汽阀前的蒸汽参数不变。由于关小调节汽门仅使流量减少，不会使汽缸金属温度有大幅度的下降，因此，能较快速度地减负荷。大多数汽轮机都可在 30min 内均匀减负荷停机，不会产生过大的热应力。额定参数停机步骤如下。

1. 停运前的准备

停运前，运行人员应根据机组设备与系统的特点以及运行的具体情况，预测停运过程中可能发生的问题，制定相应的停运方案和解决问题的措施。

对锅炉原煤仓的存煤和煤粉仓的粉位，应根据停炉时间的长短，确定相应的措施。停炉前应做好投入点火油燃烧器的准备工作，以备在停炉减负荷过程中用以助燃，防止炉膛燃烧不稳定和灭火。对锅炉受热面进行一次全面吹扫。对锅炉全面检查一次，记录存在的缺陷，以备停炉后予以消除。

旁路系统检查。在停机过程中要用旁路系统调整锅炉蒸汽参数，以及维持锅炉最低稳燃负荷，因此必须检查旁路系统，保证其动作正常。

按有关规定做必要的试验，如试验交、直流润滑油泵、密封油备用泵、顶轴油泵、盘车电动机均正常。确认各油泵连锁投入。用活动试验门对主汽门和调节汽门进行活动试验，确保各阀门无卡涩现象。

电气在发电机采用"自动励磁"方式运行时，应采用逆变灭磁方式降压，倒换 6kV 厂用电一、二段负荷，由厂用高压变压器到备用变压器供电。

2. 减负荷

在 LDC 控制下或 DEH 控制方式中，应合理选择降负荷方式，使机组所带的有功负荷相应下降，其有功减负荷率应控制在每分钟降 1％额定负荷的范围内。当负荷降到 50％额定负荷时，停留一段时间，这时可进行辅助油泵及事故油泵的低油压联动试验。在有功负荷下降过程中，应通过调节励磁变阻器调整无功负荷，维持发电机端电压不变。减负荷后发电机定子和转子电流相应减少，绕组和铁芯温度降低，应及时调整气体冷却器的冷却水量以及氢冷发电机组的发电机轴端密封油压和氢气压力等。

在减负荷到 50％～30％额定负荷时，仍以每分钟降 1％额定负荷的减负荷率减负荷。在此过程中，应根据燃烧工况的需要投入部分油枪助燃，且停一台循环水泵或减少循环水量，应停一台凝结水泵；若配有两台汽动给水泵，应停一台汽动给水泵；若配有一台汽动给水泵，则应将汽动给水泵切换为电动给水泵运行。

在30％～20％额定负荷的减负荷过程中，减负荷率不变，此时停止高压加热器，同时进行厂用电源切换。

在20％～5％的额定负荷的减负荷过程中，若以前减负荷为自动，这时应采用手动，逐渐将负荷由20％降至5％额定负荷，同时停低压加热器；将除氧器汽源切换为备用汽源供汽；低压缸排汽减温喷水阀自动开启。当负荷减至约10％额定负荷时，低压加热器和除氧器抽汽逆止门应自动关闭；手动停运低压加热器疏水泵。上述过程所需时间约10min。当负荷减至5％额定负荷时，启动辅助油泵和盘车油泵。

随着机组负荷的降低，锅炉要相应地进行燃烧调整（相应减少给粉量、送风量和引风量）。减负荷时要注意维持锅炉汽温、汽压和水位。应根据锅炉燃烧调整的要求及时投入汽轮机的旁路系统。对停用的燃烧器，应通以少量的冷却风，保证其不被烧坏。所有煤粉燃烧器停运后，即可准备停油枪灭火。及时停用减温水，以维持锅炉的汽温。炉膛熄火后，为排除炉膛和烟道内可能残存的可燃物，送风机停运后，引风机要继续运行5～10min再停。对回转式空气预热器，为防止其转子因冷却不均而变形和发生二次燃烧，在炉膛熄火和送风机、引风机停转后，还应连续运行一段时间，待尾部烟温低于规定值后再停转。汽包或汽水分离器水位达最高值时，停电动给水泵。停止进水后，应开启省煤器再循环门，保护省煤器。

在减负荷过程中，应注意调整轴封供汽，以减少胀差和保持真空。减负荷速度应满足汽轮机金属温度下降速度不超过1～1.5℃/min的要求。为使汽缸和转子的热应力、热变形及胀差都在允许的范围内，当每减去一定负荷后，要停留一段时间，使转子和汽缸温度均匀地下降，减少各部件间的温差。在减负荷时，汽轮机内部蒸汽流量减少，机组内部逐渐冷却，使汽缸和法兰内壁产生热拉应力，且缸内蒸汽压力也将在内壁造成附加拉应力，使总的拉应力变大。实际运行经验表明，当急促减去机组全部负荷后迅速停机时，汽缸和转子并未很快冷却，也没有发现汽缸和法兰间出现很大温差，但在减去部分负荷后，若使机组维持较低负荷运行或维持空负荷运行，将产生过大热应力，这是十分危险的。此外，对于汽缸和法兰厚度、宽度较大的机组，在减负荷过程中，其转子收缩快，汽缸收缩滞后，因而使机组负胀差过大，这也是要注意的问题。

3. 发电机解列及转子惰走

发电机解列前，带厂用电的发电机组应将厂用电切换到备用电源上供电。当发电机有功负荷下降到接近零值时，拉开发电机出口断路器，使发电机解列，同时应将励磁电流减至零，断开励磁开关。解列后调整抽汽和非调整抽汽管道上的逆止阀应自动关闭，这时应密切注意汽轮机的转速变化，防止超速。停止汽轮机进汽时，须先将自动主汽阀关小，以减轻打闸时对自动主汽阀阀芯落座的冲击。然后手打危急保安器，检查自动主汽阀和调速汽阀，使之处于关闭位置。

打闸断汽后，转子惰走，转速逐渐降至零。随着转速下降，汽轮机高压部分因转子比汽缸收缩得快而出现负胀差，而中、低压部分由于转子泊桑效应和鼓风摩擦出现正胀差。所谓泊桑效应是指转子高速旋转时，叶片、叶轮都产生巨大的离心力，并作用在转子上，该离心力与转速的平方成正比。当转速下降时，离心力减小，作用在转子上的径向力减小，从而使转子直径变小，而沿转子轴向增长，在相对膨胀指示上就是正值增大。鼓风摩擦是由于停止进汽后，汽轮机内部的蒸汽积聚使摩擦热量增大，这些热量也会使转子轴向增长。所以，在打闸前要注意监视各部分的胀差，把降速过程中各部分胀差的可能变化量考虑进去。若打闸前低压胀差比较大，则应采取措施（如适当降低真空），以避免打闸后出现动、静部分间隙消失，导致摩擦事故。

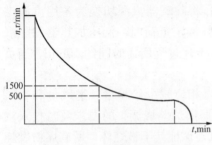

图 1-19　汽轮机的惰走曲线

自发电机从电网解列、去掉励磁、自动汽阀和调速汽阀关闭，到转子完全静止的这一段时间，称为汽轮机的惰走时间。新机组投运一段时间或机组大修后，待各部件工作正常后即可在停机时测绘汽轮机转速降低与时间的关系曲线，此曲线作为该机组的标准惰走曲线，如图 1-19 所示。绘制这条曲线的条件是在停机过程中，凝汽器真空以一定速度降低或者凝汽器真空一定。

汽轮机惰走曲线可分三个阶段：第一阶段转速下降较快；第二阶段较平坦；第三阶段转速急剧下降。这是因为打闸后，转速在 3000～1500r/min 之间，转速相对较高，鼓风摩擦损失的能量很大（其与转速三次方成正比），所以转速降低得较快。在中、低转速阶段，即在 500r/min 以上，转子的能量主要消耗在调速器、主油泵及轴承等的摩擦阻力上。与高速情况下鼓风摩擦损失相比，这些机械损耗要少得多，且随转速降低更趋减少。故这时转子转速下降极为缓慢，转子惰走的大部分时间被这个阶段占据，使汽缸、转子均匀缓慢收缩。此后为转子即将静止阶段。由于油膜的破坏，轴承处的摩擦阻力迅速增大，转速急剧下降，很快达到静止状态。

每次停机都应记录转子惰走的时间，检查惰走情况，绘制惰走曲线，然后与该机组的标准惰走曲线相比较，从中可发现机组惰走时的问题。若惰走时间明显减少，可能是轴承或机组的其他动静部件有轴承轴向或径向摩擦；若惰走时间明显增加，则说明可能汽轮机主蒸汽管道上闸门不严密或抽汽管道逆止阀不严密，致使少量有压力的蒸汽从抽汽管倒入汽轮机。若发生前者状况，应立即破坏真空，减少惰走时间，不允许投入盘车，可定期翻转转子，以防大轴弯曲；若发生后种状况，则应在停机后及时处理有关阀门漏汽。

在正常停机惰走过程中，不应破坏真空，应采用调整抽汽器的方法降低真空，当转速达到零时，真空也对应到零，再停止轴封供汽。这样可减少末几级叶片的鼓风摩擦损失所产生的热量，有利于限制停机过程的排汽温度的升高，同时也利于汽缸内部积水的排出，减少停机对汽缸金属的腐蚀。轴封供汽停止不要过早或过迟，过早冷空气自轴封端进入汽缸，轴封段急剧冷却，造成转子变形，甚至发生动静部分摩擦；过迟会使上、下缸温差加大，引起汽缸变形和转子的热弯曲。同时应控制轴封供汽量，使其不致过大，以避免汽缸压力过高，引起排汽室大气安全阀动作。

转子惰走时，要及时调整双水内冷发电机的水压，并调整氢冷发电机的密封油压。因为在转速下降过程中，氢冷发电机的轴端密封油压将升高，如不及时调整，会损坏密封结构部件，并使密封油漏入发电机内。

转子静止后，应立即投入连续盘车，当汽缸金属温度降至 250℃ 以下时，转为定期盘车，直到调节级金属温度降至 150℃ 以下为止。不过一般尚未到此温度，设备和系统的缺陷已消除，机组又可能重新进行启动。连续盘车期间，若发现转子偏心度超过最高允许值或有清晰的金属摩擦声，应立即停止连续盘车，改为间断盘车，待偏心度恢复正常值后，再转为连续盘车。

转子静止后，要立即测量定子线圈和转子回路的绝缘电阻，检查励磁回路变阻器和灭磁开关上的各接点，检查发电机冷却通风系统等。

4. 锅炉降压和冷却

锅炉从停止燃烧始即进入降压和冷却阶段。这期间总的要求是保证设备的安全。为此，应控制好降压和冷却速度，防止冷却过快产生过大的热应力，特别要注意不使汽包壁温差过大。在锅炉停止供汽初期4~8h内，关闭锅炉各处门、孔和挡板，防止锅炉急剧冷却。此后，再逐渐打开烟道挡板和炉膛各门、孔进行自然通风冷却，同时进行锅炉放水和进水一次，使各部分冷却均匀。

停炉8~10h后，如有必要加强冷却，可启动引风机通风冷却，并可适当增加进水和放水次数。在锅炉尚有汽压或辅机电源未切除之前，仍应对锅炉加强监视和检查。

若需把锅水放净时，为防止急剧冷却，应待锅炉汽压为零且锅水温度降至70~80℃以下时，方可开启所有空气门和放水门，将锅水全部放出。

在额定参数停机时，如不等降压冷却过程结束，就要求机组重新启动，则可利用锅炉所保持的较高金属温度来缩短启动时间。

二、滑参数停机

正常停机如果是以检修为目的，希望机组尽快冷却下来，则可选用滑参数停机方式，即停机过程中在调节汽阀保持全开情况下，汽轮机负荷或转速随锅炉蒸汽参数的降低而下降，炉、机的金属温度也相应下降，直至机组完全停运。

1. 滑参数停机的主要优点

(1) 金属冷却均匀。滑参数停机时，由于汽轮机调节汽阀全开，所以汽轮机进汽比较均匀。随着负荷降低，蒸汽参数也逐渐降低，蒸汽容积流量可维持不变，使机、炉金属能得到均匀冷却。

(2) 减少停机过程中的热量和汽水损失，充分利用锅炉余热发电。在滑停过程中，参数逐步降低的蒸汽可用于发电，锅炉几乎不需要向空排汽，因此可减少停机过程中的热量和工质损失。另外，随着蒸汽管道金属的蓄热量释放，可加热工质、用于发电，即使锅炉灭火后，这一过程仍在进行。

(3) 缩短汽轮机揭缸时间。由于汽轮机的冷却均匀，热应力和热变形较小，因此，可以加快金属温降，缩短冷却时间，使金属温度降到较低水平，有利于检修人员尽快揭缸检修，缩短工期。

(4) 对汽轮机喷嘴和叶片上的盐垢有清洗作用。

然而，滑参数停机时，无论是蒸汽温度还是金属温度的变化都较大，因而操作要比额定参数停机的难度大，而且操作过程也比较复杂。

由于滑参数停机有很多优点，所以单元机组正常情况下多采用滑参数停机。

2. 滑参数停机的关键问题及滑停方式的选择

在整个滑参数停机过程中，锅炉负荷及蒸汽参数的降低是按汽轮机的要求进行的。而主蒸汽及再热蒸汽温度的下降速度是汽轮机各受热部件能否均匀冷却的先决条件，也是滑参数停机成败的关键。若温降太快，会使汽轮机胀差出现不允许的负值，或者造成汽轮机进冷汽带水，以致滑到中途就会被迫紧急停机。此外，从长远看，温降太快会引起汽缸、转子、汽包等受热部件产生过大的热应力、热变形，次数越多越易使这些部件造成疲劳损伤。因此，要求温降率不超过规定值。一般规定主蒸汽温降速度为 1～1.5℃/min；再热蒸汽温降速度小于 2℃/min。调节级汽室的汽温比该处金属温度低 20～50℃为宜，蒸汽仍应保持接近 50℃的过热度，最后阶段的过热度不低于 30℃。但当主蒸汽压力低于 3.0MPa，过热度不易保证，要特别注意防止发生水击。由于滑参数停机时蒸汽参数降低速度应小于滑参数启动时蒸汽参数的上升速度，所以停机时间应适当长一些。

根据停机目的不同，对停机后金属温度水平有不同的要求，据此可选择不同的停机方式。例如，为消除某些缺陷或根据电网需要而短期停机，则可按滑参数方法减负荷，一般是保持调节汽阀基本全开，主汽降压不降温，使负荷逐渐下降。由汽轮机变工况理论分析可知，对于非调整抽汽凝汽式汽轮机，当凝汽器真空不变时，随着主汽压力的降低，蒸汽流量、机组功率（负荷）、各非调节级级前压力、汽温都随之自行下降，汽轮机受到均匀冷却，金属温度随之下降，当调节级汽缸金属温度降至 400℃左右时，快速减负荷停机。这样，在消除缺陷后或电网再次要求启动时，机、炉的金属温度水平较高，有利于热态启动，可缩短启动时间。再次启动时，由于这种方法的温度变化较小，即使温升率较大，热应力也不会超过允许值。

若单元机组需大修或汽轮机揭缸检查，则应按滑参数停机过程的要求将负荷一直降至零，然后打闸停机。常用的滑参数停机方法可将汽缸金属温度降至 250℃左右。若当负荷滑降至零并解列后，仍依靠锅炉余汽滑降转速至零，则可使汽缸温度降到 150℃左右，宜于提前揭缸。但这种方法并未得到推广，因为后阶段汽温已无法控制，有可能引起汽轮机的水冲击。

3. 常用的滑参数停机方法

停机前，除做好与额定参数停机相似的准备工作外，还应将除氧器、轴封供汽汽源切换到备用汽源上，对法兰螺栓加热装置的管道应送汽暖管。

带额定负荷的机组，在额定蒸汽参数下先减去 15%～20%额定负荷，随将参数降至正常允许值的下限，锅炉进一步减弱燃烧，让蒸汽参数滑降，调节阀门逐渐开大，并使机组在此条件下运行一段时间。当金属温度降低，部件金属温差减少后，再按滑参数停机曲线要求逐渐减弱燃烧，滑降蒸汽参数和机组负荷。

国产引进型 300MW 机组滑参数停机过程如下：

先保持主汽温度不变，逐渐降低主汽压，在 DHE 中使调节阀门全开，然后按规定的滑降速度降温。由于再热汽温下降滞后于主汽温的下降，所以应待再热汽温下降后，再进行下一阶段的降压降温。伴随每一阶段的降压降温，金属部件受到蒸汽冷却，其温度逐渐下降，每一阶段温差减小后，再继续滑降蒸汽参数，当降到较低负荷时，蒸汽参数也相应滑降至较低水平。

滑参数停机过程中各个阶段温度、压力的下降速度是不同的，通常新蒸汽的平均降压速度为 0.02～0.03MPa/min，平均降温速度为 1.2～1.5℃/min。一般在较高负荷时汽温、汽压的下降速度可快些，负荷较低时，汽温、汽压的下降速度应减缓，这样能保证汽轮机金属温度的变化平稳。

在整个减负荷过程中，应注意监视下列参数：主蒸汽和再热蒸汽压力、温度，轴振动，胀差，上、下缸温差，低压缸排汽温度，轴向位移，轴承金属温度以及汽柜内外壁温差，并

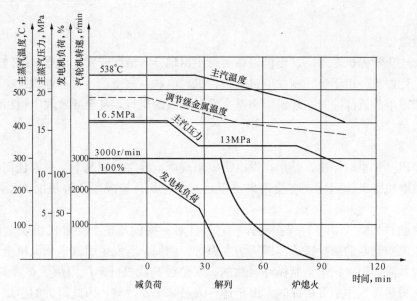

图 1-20　300MW 机组滑参数停机曲线

注意各水室水位应正常，轴封汽源倒为辅汽供给。

当负荷、蒸汽参数滑降到足够低时，锅炉再灭火，这是出于安全和经济两方面的考虑。如果在锅炉灭火时负荷仍较高，则一经灭火，汽压及饱和温度将迅速下降，另外负荷高，要求的补充水也多，这就使汽包上、下壁温差增大，不安全；如滑降到很低负荷再灭火，必然要延长滑停时间，但这样可充分利用锅炉余热。锅炉释放余热过程是相当缓慢的，如滑降时间短，汽轮机主汽阀关闭过早，大量余热将得不到利用。停机后汽压回升，回升值越大，表明锅炉余热用得越不充分，汽压回升值超过规定时，势必要排汽，更不经济。

滑参数停机比额定参数停机容易出现负胀差，所以要正确使用法兰螺栓加热装置。当主汽温度低于法兰内壁金属温度，或法兰内、外壁温差小于 20～30℃时，可投入法兰螺栓加热装置。其汽源可以是主机滑降的主蒸汽，也可同时使用低温汽源，使加热联箱内的汽温保持低于法兰金属温度 80～100℃。加热装置可以一直使用至汽轮机打闸，但在转速 500r/min 之前必须停用。滑参数停机过程中严禁做汽轮机超速试验，以防蒸汽带水引起汽轮机水冲击。

在蒸汽参数和负荷滑降过程中，锅炉掌握着主动权，但锅炉必须根据滑停需要，充分考虑机组设备的安全（尤其是应考虑汽轮机金属部件的温降速度不能太大的要求），兼顾快速性和经济性，采取有效手段，控制蒸汽参数的滑降。控制蒸汽参数滑降的主要手段是进行燃烧调整。随着锅炉燃烧率的不断减小，送风量也应减少，但最低风量不少于总风量的 30%。为保持炉内火焰稳定，在减少燃烧率时应减少风箱和炉膛之间的压差，直至允许的最小值。煤粉炉在减弱燃烧时，应适时投入油枪，以防灭火过早，同时要注意维持燃烧的稳定性。在锅炉灭火时，要及时停用减温水，以防汽温骤降，汽包炉还应注意保持汽包水位。

中间再热机组要合理使用汽轮机旁路系统，将多余的蒸汽排入凝汽器。注意保证高、中压缸进汽的均匀性，防止汽轮机无汽运行。在条件许可的情况下，高、低压加热器和除氧器均可随主机进行滑降停运，这样对提高机组热效率、减少汽损失、加强汽缸疏水以及降低温差均有好处。

三、紧急停机

除了上述正常停机之外，发电机组在运行中出现异常情况或发生严重事故时，还应采取紧急措施进行停机。由于单元制发电机组炉、机、电联系紧密，且具有连锁保护，其中任一环节出现严重事故或故障时，都将影响整个发电机组的运行，甚至导致发电机组停运，以保护设备的安全。

1. 造成紧急停机的因素

紧急停机又称事故停机，是指在发电机组出现严重异常的情况下，采取任何措施均不能排除，若发电机组继续运行，将会带来严重后果的停机。造成紧急停机的因素有以下几个方面。

（1）主燃料切断（MFT）保护动作。它是针对一些危及整个发电机组安全运行的事故所采取的主燃料切断的保护措施，即锅炉主保护。例如，若发生引（送）风机全部跳闸、主汽压力超过危险界限、锅炉强制循环泵跳闸、水位极高或极低超极限值、炉膛负压异常高、锅炉熄灭、再热蒸汽中断等情况时，由于运行人员来不及调整，因此锅炉的燃烧保护系统将切断所有喷燃器的全部燃料。汽轮机组由于某种原因，如凝汽器真空低、汽轮机发生水击、油系统发生火灾等必须紧急停机，或厂用电母线发生故障时，应立即切断供给锅炉的全部燃料并使汽轮机脱扣，发电机从电网解列。

（2）锅炉满水或缺水。汽包水位计指示均超过最高或最低报警水位线且持续时间超过规定值而保护拒动，或控制水位计失灵而就地水位计高于最高水位时应采取紧急停炉。

（3）锅炉严重爆管。给水管道、省煤器、水冷壁、过热器、再热器及蒸汽管道等发生破裂而严重泄漏，不能维持正常压力和水位，锅炉不能正常运行时应执行紧急停炉。

（4）辅机故障。在单元制发电机组事故中，辅机故障占有相当高的比例。辅机故障主要指两台空气预热器，两台送风机、两台引风机、火焰监视器、冷却风机因故障而全部停运，热控电源和气源消失，使发电机组无法正常运行。

（5）炉膛压力不正常。炉膛压力超过正常运行压力的保护值或维持较高压力值的持续时间超过规定值时，锅炉主燃料切断（MFT）保护动作。但是，停炉后至少保持一台送风机和一台引风机运行，以保证炉膛有足够的通风量。

（6）汽轮机超速至危急保安器动作转速，而危急保安器未动作。

（7）发电机组振动值异常高，超过跳闸值。

（8）检查确认汽轮机断叶片或听到发电机组内有金属摩擦声。

（9）汽轮机轴封处摩擦产生火花或冒烟。

（10）润滑油供油中断或油压下降至极限值，备用泵启动仍无效。

（11）润滑油箱油位下降至极限值，补油无效。

（12）轴向位移达到极限值或推力瓦块金属温度超限。

（13）汽轮机任一轴承乌金温度突然升高，超过规定的极限值。

（14）汽轮机发生水冲击，上、下缸温差超限，10min 内主、再热蒸汽温下降 50℃。

（15）油系统发生火灾，无法扑灭并威胁发电机组的安全。

（16）发电机故障、发电机密封油中断、着火或氢气爆炸、发电机氢气纯度不能维持90%～92%、发电机定子冷却水中断或大量漏水等。

2. 紧急停机处理

（1）锅炉紧急停运后的处理。在确认锅炉主燃料切断保护动作后，检查所有喷燃器和油枪已灭火。一套引风机、送风机应维持运行，进行炉膛吹扫。检查过热器、再热器减温水门已关闭。手动控制给水门，保持汽包或汽水分离器水位正常。打开主蒸汽管上的疏水阀，有条件的还要投用炉膛温度监测器，不致使锅炉急剧冷却。

若故障原因能迅速查明并很快被消除后，锅炉则可重新点火。若锅炉灭火原因一时难查清或是由其他原因引起，则应按热备用停炉进行处理，停止各风机运行，关闭各风门挡板，以保持锅处于热备用状态。

锅炉紧急停用后，汽轮机也应做相应处理。

（2）汽轮机紧急跳闸后的处理。紧急停机时，尽可能先手动启动顶轴油泵、盘车油泵和辅助油泵，以保证汽轮机转子惰走时轴承油的供应。若属于破坏真空的紧急停机，则应首先停止真空泵运行，并开启真空破坏门，真空未降至零时，不得停用轴封供汽。对不破坏真空的停机，其处理措施同正常停机一样。汽轮机跳闸后，应立即开启汽轮机疏水阀，并定期检查润滑油与轴封温度、轴向位移、胀差及加热器、除氧器水位等主要检测项目。

在汽轮机惰走过程中，仔细检查惰走情况、汽轮机脱扣，确认转速下降，记录惰走时间。汽轮机转速至零时，立即投入盘车，并注意盘车工况与大轴偏心度。若大轴偏心度超过正常值，而经盘车后已恢复到正常值，则还应继续盘车至少 1h，以消除残余热应力，否则不得再次启动。在凝汽器真空至零时，方可停止轴封供汽，其余操作与正常停机操作步骤相同。

发电机在确认主断路器和励磁开关已跳闸后，其操作与正常停机操作步骤相同。

四、停机后的保养

单元机组停机后，应按规定做好停机后的维护保养，以防止发生停用机组漏气、漏水、腐蚀和冻裂等现象。

在锅炉停运期间，必须对锅炉进行维护保养。维护保养的目的在于防止锅炉发生腐蚀和管子受"冻"。制定停炉保养措施，不让空气进入锅炉汽水系统管道内，是锅炉停炉保养的重要原则。保持锅炉汽水系统金属内表面的干燥，使金属内表面浸泡在有除氧剂或其他保护剂的溶液中，或使金属表面被气相缓蚀剂所保护，是停炉保养的三种方法。如锅炉设有充氮装置，必要时将受压元件充以氮气，这也是防止腐蚀的有效方法。如果是锅炉短期停炉保养，也可采用锅炉上满水的方法隔绝空气，避免腐蚀。

锅炉停炉保养的具体方法很多，如蒸汽压力法、给水压力溢流法、氨—联氨保护法、热炉放水法和使用干燥剂等。究竟采用何种保护方法为好，用户应根据化学监督，并根据停炉时间的长短和具体情况决定。锅炉停运后，当环境温度小于 5℃时，应采取防冻措施。

汽轮机如需停用一周以上的时间时，必须对其采取保养措施。汽轮机保养可通过经电加热器加热后的压缩空气加热汽轮机，使汽轮机保持一定的温度和干度以达到防冻防腐目的。操作过程可在汽轮机汽缸温度降到 100~150℃后再进行，并保持盘车装置运行正常。

发电机组保养应根据自身特点、环境、系统等制定保养措施。对于氢冷发电机，在发电机组停运期间，须考虑排氢或降低氢压。对于定子绕组用水冷却的发电机组，在冬季停运期间，应保证机房内的温度不得低于5℃，否则应启动一台定子冷却水泵，用通水循环方法防冻，或将水排放干净，并用压缩空气吹干。

小　　结

单元机组在启、停及变工况过程中，由于各部件（如汽包、联箱、各受热面、阀门、蒸汽管道、蒸汽室、汽缸、法兰、转子、螺栓等）所处条件不同，火焰及工质对其加热或冷却速度不同，因而在各部件之间或部件本身沿金属壁厚方向会产生明显温差。温差导致膨胀或收缩不均，产生热应力，使得各部件产生不协调的热膨胀和热变形，同时也使机组内部各部件的相对位置发生变化。经验表明，一些对设备最危险、最不利的工况往往出现在启、停过程中，所以在启、停过程中，必须采用合理的加热或降温方式，使机组各部件的热应力、热变形、胀差和转子的振动均维持在合理的水平，从而保证设备的安全可靠。在启、停过程中应尽量节省工质和燃料，力求在最短时间内让机组投运或停运（揭缸检修时）。单元机组广泛采用的压力法滑参数启动反映了机组金属加热的固有规律，能较好地满足启动安全和经济启动这两个方面的要求。单元机组由于配的锅炉有汽包炉和直流炉之分，其启动和停运的操作并不完全相同。单元机组均为高参数、大容量机组，其炉、机、电为纵向联系紧密的一条完整的生产系统，单元机组启动或停运的操作非常多，涉及到单元机组的各个系统，包含着丰富的内容。因此要求机、炉、电互相联系，各环节操作必须协调一致，互相配合，才能顺利地完成机组的启、停过程。单元机组冷态启动的主要步骤为①启动前的检查和准备；②锅炉点火；③锅炉升温升压；④暖管；⑤汽轮机冲转及升速；⑥升至全速；⑦全速后试验；⑧并网及带初负荷；⑨升负荷至额定负荷。单元机组停运分事故停机（紧急停机）和正常停机两种。正常停机又分为额定参数停机和滑参数停机。停机方式的选择是根据停机的目的来确定的。启动和停运互为"逆过程"，很多步骤可以"逆向"参照。

习　　题

1. 锅炉在启动升压过程中，汽包的温差和热应力是如何产生的？应如何控制？
2. 汽轮机在启、停和变工况时，汽缸、转子的热应力是如何变化的？
3. 汽轮机在启动过程中，为防止金属产生过大的热应力和热变形，需要控制好哪几个主要指标？
4. 汽轮机启、停时，为什么要限制上、下缸温差？
5. 汽轮机热变形的规律是什么？
6. 单元机组启动方式有哪些？为什么单元机组广泛采用压力法滑参数启动？
7. 采用压力法滑参数启动有哪些主要操作？
8. 强制循环锅炉单元机组启动有何特点？
9. 简述单元机组热态启动中应注意哪些事项？
10. 配直流锅炉单元机组的启动有何特点？
11. 配直流锅炉单元机组的启动旁路系统有何作用？
12. 单元机组停运方式有哪些？如何选择使用？
13. 单元机组运行中遇到哪些情况须紧急停机（事故停机）？

上 机 操 作

1. 掌握汽包锅炉单元机组冷态启动过程（包括辅机启动过程）。
2. 掌握汽包锅炉单元机组热态启动过程。
3. 了解强制循环锅炉单元机组的启动过程。
4. 了解直流锅炉单元机组的启动过程。
5. 掌握单元机组停机过程。

单元机组的运行调整

内容提要

单元机组是炉、机、电纵向串联构成的一个不可分割的整体，任何一个环节运行状态的变化都会引起其他环节运行状态的改变，这就决定了正常运行中，炉、机、电的运行维护与调整是紧密联系的。在正常运行中，各环节又都有自己的特点和侧重。锅炉侧重于调整；汽轮机侧重于监视；电气部分则与单元机组的其他环节以及外部电力系统联系紧密。

课题一　单元机组参数调节

教学目的

了解单元机组运行中参数的变化规律及调节方法。

一、汽包锅炉的运行调节

（一）负荷调节

对于并网运行的发电机组，机组负荷的大小决定于外界用户的用电情况，发电负荷经常随外界用电情况而变动。

单元机组的负荷调节通常有以下几种。

（1）当电网频率变化，汽轮机调速系统动作，调速汽门动作，进汽量变化，机组负荷进行调节。

（2）按照电网调度指令调整负荷由锅炉和汽轮机协调进行。

（3）电网事故或单元机组内发生事故而引起的强制减负荷。

电力系统的频率和负荷经常变化，单元机组要适应频率的调节及负荷调度的要求。当外界负荷增加时，电网中各发电机组将根据自己的调速系统特性自动地增加负荷，阻止电网频率快速下降，使电网稳定在略低于原频率的工况运行；当外界负荷减小时，调节系统使电网稳定在略高于原频率的工况运行。机组的这种调节方法称一次调频。一次调频的调节幅度是有一定限制的，而且一次调频是以改变电网的频率来实现的，这显然不能满足用户对电能质量的要求。要保证电能质量，只能采用人为地增加机组的负荷而维持电网频率不变的二次调频的方法。无论是一次调频还是二次调频，都将改变机组的负荷。从能量平衡的观点看，机组的负荷变动时，燃烧工况应做相应的调整。负荷增加，则燃料量要增加；负荷减少，则燃料量要减少。所以，负荷变动时，机组各运行参数都会有所变化。

负荷上升时，原有的蒸汽量不能满足发电的要求，因此汽轮机调节阀门开大，蒸汽流量增加，锅炉汽压下降，显然，水位、汽温也都要下降。但是在加强燃烧后，汽压将恢复正常，而汽温将高于额定值。

负荷变化幅度比较大时，在水位的变化方面，首先是出现虚假水位现象，当负荷上升时，由于蒸汽流量增加而给水量没有变动，所以在虚假水位现象（先升后降）过后，水位下降。负荷下降时情况正相反，蒸汽流量减少，汽压上升，同时汽温、水位都上升，但减弱燃烧后，汽压恢复，汽温降低。

（二）蒸汽温度调节

烟气侧和蒸汽侧运行状态的变化影响着汽温的变化。燃料侧的影响因素有燃料性质、风量及其分配、燃烧器的运行方式及受热面的清洁程度等。蒸汽侧的主要影响因素有蒸汽流量（负荷）、饱和蒸汽湿度、减温水量和水温、给水温度等。所以汽温的调节也是从燃料侧与蒸汽侧进行的。

蒸汽侧调节汽温主要是利用改变蒸汽侧的吸热量来进行的。高压和超高压以上锅炉的过热器，一般装置 2、3 级喷水减温器。在屏式过热器装置中的减温器是为了保护屏式过热器的管壁温度不超过限值；而第二（或第三）级喷水减温器则用以维持过热器出口汽温在正常的数值。由于高压以上机组对汽温要求较严格，在使用汽温自动调节器时，应避免汽温波动过大。直流炉过热器调节与汽包炉不同，它通过燃料量与给水量的比例进行调节，维持中间点温度，而将喷水减温调节作为过热汽温的细调手段。

再热汽温调节与过热汽温调节不同（见图 2-1）。虽然利用喷水调温具有延迟小、灵敏度高的优点，但再热汽温若用喷水调节，则势必增大汽轮机中、低压缸的流量，同时相应增加了中、低压缸的功率。如果机组总功率（负荷）保持不变，则势必减少高压缸的功率与流量，这就等于用部分低压蒸汽循环代替高压蒸汽循环，导致整个单元机组循环热效率降低，热经济性变差。在超高压机组中，喷入 1% 额定蒸发量的喷水至再热器，将使循环效率降低 0.1%～0.2%；对于亚临界机组，每喷入 1% 的减温水，发电煤耗升高 0.4～0.6kg 标煤/（kW·h）。因此，再热汽温的调节一般不宜采用喷水调节作为主要调温手段，而只将其作为事故喷水或辅助调温手段。

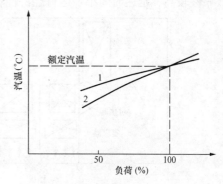

图 2-1　过热蒸汽与再热蒸汽
汽温特性的比较
1—过热蒸汽；2—再热蒸汽

再热汽温调节通常采用烟气侧调节的方法。在烟气侧调节再热汽温的方法有烟气再循环、烟气旁路和改变燃烧器倾角等方法。

1. 烟气再循环调温

烟气再循环调温是由再循环风机从锅炉省煤器后烟道抽出部分烟气送入炉膛冷灰斗附近而进入炉内的，可改变锅炉各受热面的烟量，增加传热量。离炉膛出口越远的受热面，传热量增加幅度越大；越接近炉膛的受热面，传热量增加幅度越小。这是由于炉膛出口附近的烟温变化幅度较小，而远离炉膛出口处烟温的相对变化量较大。对于再热器布置于竖井烟道的锅炉，采用再循环烟气调节再热汽温还是适宜的。不大的再循环烟气量便可获得理想的再热汽温值，同时对过热器的影响较小，只需少量变动喷水量就能维持过热汽温。烟气再循环调温的优点是调温幅度大，调节反应快，同时还可均匀炉膛热负荷。但目前由于以下原因，大多数锅炉未能正常使用烟气再循环，而仍然用喷水调节再热汽温，故机组的经济性下降。

（1）机组带基本负荷，再热汽温达到规定值。

（2）由于再热器受热面偏大或炉内结渣、煤种变更、汽轮机高压缸排汽湿度高等原因，再热汽温已达额定值。

（3）竖井烟道设计烟速过高，省煤器管子磨损已相当严重，若投用烟气再循环，会使磨损加剧。

（4）再循环风机磨损严重，在停用烟气再循环（带基本负荷）后，因挡板无法关闭严密，造成高温烟气倒流，烧坏炉底设备。

（5）投用烟气再循环后，会使炉膛温度降低，影响燃烧的稳定性，甚至可能引起炉内灭火。

2. 烟气旁路调温

烟气旁路，即采用分隔烟道与烟气挡板。利用分隔墙把后竖井烟道分隔为两个平行烟道，在主烟道中布置再热器，旁路烟道中布置过热器（低温过热器）或省煤器，在烟道出口处装设可调的烟气挡板。当锅炉出力改变或其他工况变动，引起再热汽温变化时，调节烟气挡板开度，改变两平行烟道的烟气量分配，从而调节再热汽温变化。实践证明，烟气挡板调温方式可靠性较高、延迟时间小，运行经济性较好，在国内 600MW 燃煤机组中采用得比较多。

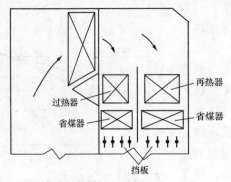

图 2-2　采用分隔烟道挡板
调节法的受热面布置方式

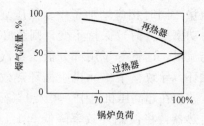

图 2-3　挡板调节时烟气量
随锅炉负荷的变化

烟气挡板调温的主要特性如下：

（1）用挡板调节再热汽温有一定的滞后性，一般在挡板动作 1.5min 后，再热汽温才开始变化，10min 左右趋于稳定。

（2）调节特性的好坏是指调节的开度范围是否在挡板最佳范围内，烟气流量与挡板开度的关系是否呈线性关系。要达到这两点，在挡板设计时，其喉口尺寸则须根据尾部受热面阻力特性进行选择，使挡板阻力与该烟道受热阻力相匹配。

（3）双烟道同步调节。锅炉负荷降低时，须将再热器侧挡板开大。过热器（或省煤器）侧挡板关小。同步调节是指转角大小及速度同步，即两组挡板转角之和等于定值。双烟道调节特性取决于这两个烟道内阻力的比值，即与挡板的组合角 $\sum \phi$ 有关。一般认为组合角 $\sum \phi = 90°$ 较理想，即再热器侧挡板全开时，过热器侧挡板正好全关。这样的组合角可以使锅炉在 $100\% \sim 70\%$MCR 调温过程中具有较大的挡板转角（约为 $22° \sim 25°$），便于操作控制，并且可使挡板在最佳工作角度范围（$15° \sim 75°$）工作，烟气流动阻力亦较小。在锅炉启动时，两烟气挡板角度均为 $45°$。

3. 改变燃烧器倾角调温

改变燃烧器倾角，调节再热汽温，即改变炉膛火焰中心高度和炉膛出口烟温，使炉膛辐射传热量和对流受热面的对流传热量分配比例改变，从而使再热汽温变化。燃烧器喷口倾角的配合有助于调整燃烧中心的位置和燃烧稳定性。一般来说，适当将上组喷嘴向下摆动，下组喷嘴向上摆动，可收到集中燃烧、提高火焰中心温度的效果；反之，将上组喷嘴向上摆动，下组喷嘴向下摆动，则可分散火焰，降低燃烧器区域的热负荷。采用这种调节方法时，距炉膛出口越近的受热面，吸热量的变化越大。所以，对于调温布置的再热器采用这种调温方法，其调温幅度大、延迟小、调节灵敏。但燃烧器倾角的改变，将会直接影响炉内的燃烧工况。当燃烧器向上摆动时，火焰中心上移，炉膛出口烟温升高，使再热汽温上升，同时，使煤粉在炉内的停留时间缩短，导致飞灰中的含碳量的增加，锅炉效率降低。此外，还可能由于炉膛出口烟温过高而引起炉膛出口处受热面产生结渣现象。这些因素限制了燃烧器向上摆动的角度。若燃烧器的下倾角过大，则会引起火焰冲刷冷灰斗，不仅导致结焦，也使灰渣含碳量增加。因此防止冷灰斗结渣是限制燃烧器向下摆动角度的条件。一般锅炉燃烧器上、下摆动的角度为 $\pm 20° \sim \pm 30°$。

当然，烟气侧调节还可以通过改变风量（改变炉膛出口过量空气系数）调节汽温，这种方法虽然简单，但经济性甚差。有的锅炉采用改变上、下排燃烧器的运行方法调节汽温，这实际上是改变炉内火焰中心的位置，与改变燃烧器倾角相类似。

（三）锅炉燃烧调整

炉内燃烧过程是否稳定，直接关系到整个单元机组运行的可靠性。如果燃烧过程不稳定，将引起蒸汽参数的波动，这不仅影响到负荷的稳定性，还会对锅炉本身、蒸汽管道和汽轮机金属带来热冲击。例如，炉膛温度过高或火焰中心偏斜将引起水冷壁及炉膛出口受热面结渣，并可能会加大过热器的热偏差，使局部管壁超温，甚至爆管。所以燃烧器调节适当，确保燃烧工况稳定，是单元机组安全可靠运行的重要条件。

燃烧过程的好坏又影响着锅炉运行的经济性。这就要求保持合理的风粉配合（一、二次风配合和送、引风配合），还要求保持适当高的炉膛温度。合理的风粉配合可以保持最佳的过量空气系数；合理的一、二次风配合可以保证着火迅速、稳定，燃烧完全；合理的送、引风配合可以保持适当的炉膛负压，减少漏风。当运行工况改变时，若这些配合调节得当，就可以减少燃烧损失，提高锅炉效率。

正常情况下，炉膛火焰呈光亮的金黄色，火色稳定、火焰均匀且充满燃烧室但不触及四周的水冷壁，火焰中心在燃烧室中部，火焰下部不低于冷灰斗的一半深度。着火点应在距燃烧器不远的地方。火焰中不应有煤粉离析，也不应有明显的星点（有星点表示炉温过低或煤粉太粗）。烟囱出烟应是淡灰色。

为达到上述燃烧调节的目的，在运行操作方面应注意燃烧器的一、二、三次风的出口风率和风速，调整各燃烧器之间的负荷分配和运行方式，调节炉膛的风量（氧量值）、燃烧量和煤粉等参数使其达到最佳值。

1. 负荷变化时的燃烧调整

在正常运行中，根据负荷的变化调整燃烧的主要内容是给煤量的调整。一般原则是：在负荷增加时，先加大风量，后增加煤量；在负荷降低时，先减小煤量，后减少风量。

（1）配置中间仓储式制粉系统锅炉的燃烧调整

中间仓储式制粉系统的特点之一是制粉系统出力的变化与锅炉负荷的变化并不存在直接的关系。在锅炉负荷变化不大时，改变给粉机转速就可改变进入煤粉燃烧器的煤粉量。

当锅炉负荷变化较大，改变给粉机转速不能满足调节幅度需要时，应先以投、停给粉机作粗调节，再以改变给粉机转速作细调节。投停给粉机要尽量对称，以免破坏炉内燃烧工况。在调节给粉机转速时，给粉量的增减应缓慢，幅度不宜过大，尽量减少燃烧大幅度波动，尽量使同层给粉机的下粉量一致，便于配风。

当需投用燃烧器和给粉机时，应先开启一次风门至所需开度，对一次风管进行吹扫，待风压正常后方可启动给粉机进行给粉，同时开启二次风门，观察着火情况是否正常。在停用燃烧器时，则应先停止给粉机，并关闭二次风门，而一次风应继续吹扫数分钟后再关闭，以防止一次风管内发生沉积。为防止停用的燃烧器因过热而烧坏，有时保持一、二次风门有微小开度，以冷却燃烧器喷口。

给粉机转速的正常调节范围不宜太大。若转速过高，则不但因煤粉浓度过大而易引起不完全燃烧，而且也会使给粉机因过负荷而发生故障。若转速过低，则在炉膛温度不太高的情况下，由于煤粉浓度低，易发生炉膛灭火。

锅炉负荷变化时，在调整给粉机转速的同时，应调整送、引风量保持汽压、汽温的稳定。运行中应为了维持合适的氧量值而控制炉内风量，为了维持炉膛负压在规定的范围内而控制引风量。氧量和炉膛负压值的设定可在操作器上自动或手动进行。

（2）配置直吹式制粉系统锅炉的燃烧调整

由于直吹式制粉系统无中间粉仓，它的出力大小将直接影响锅炉蒸发量。若锅炉负荷变化不大，则可通过调节运行制粉系统的出力来满足。在调节给煤量和风门开度时，应注意电流的变化、挡板的开度指示、风压变化等，防止发生电流超限和堵管等异常情况。

当锅炉负荷有较大的变动时，则需启动或停止整套制粉系统。此时须考虑燃烧工况的合理性，如投运燃烧器应均衡，炉膛四角燃烧器风粉配合应保持均匀，以及防止火焰偏斜等。

2. 煤质变化时的燃烧调整

无烟煤、贫煤的挥发分较低，燃烧时的最大问题是着火。燃烧配风的原则是采取较小的一次风率和风速，以增大煤粉浓度、减小着火热并使着火点提前；二次风速可以高些，这样可增加其穿透能力，使实际燃烧切圆的直径变大些，同时也有利于避免二次风过早混入一次风粉气流。燃烧差煤时，也要求将煤粉磨得更细些，以强化着火和燃尽；也要求较大的过量空气系数，以减少燃烧损失。

挥发分高的烟煤，一般着火不成问题，需要注意燃烧的安全性，可适当减小二次风率，并多投一些燃烧器来分散热负荷，以防止结焦。为提高燃烧效率，一、二次风的混合应早些进行。煤质好时，应降低空气过量系数运行。

3. 风量和炉膛负压的调节

风量调节是维持锅炉燃烧工况的主要手段。正常运行时，应及时调整送风机、引风机风量，以维持正常的炉膛压力，使锅炉上部不向外冒黑烟。同时应维持最佳的炉膛出口过量空气系数。

（1）送风量的调节

当外界负荷变化而需调节锅炉出力时，随着燃料量的改变，对锅炉的风量也需做相应的调节。

进入炉内的总风量主要是有组织的燃烧风量（辅助风、燃烧风、过燃风、三次风等），其次是少量漏风。锅炉总风量的调节，是以氧量值为基准，通过改变送风机的风量来实现的。送风量的大小应与燃料量成比例，以维持最佳的炉膛出口过量空气系数，保持炉内完全燃烧。一般过量空气系数随锅炉负荷的变化而变化，低负荷时过量空气系数较大，高负荷时相对较小。

在锅炉的风量控制中，除了改变总风量外，一、二次风的配合调节也是很重要的。一、二次风的风量分配应根据它们所起的作用进行调节，一次风量应以能满足进入炉膛的风粉混合物挥发分的燃烧及固体焦炭质点的氧化需要为原则。二次风量不仅应满足燃烧的需要，而且还应起到补充一次风末段空气量不足的作用。此外，二次风应能与进入炉膛的可燃物充分混合，这就需要有较高的二次风速，以便在高温火焰中起到搅拌混合的作用，以强化燃烧。有些情况下，还可借助改变二次风门的开度，来达到由于喷燃器中煤粉浓度偏差造成的需求风量不同的目的。

（2）炉膛负压的控制和引风量的调节

炉膛压力是反映炉内燃烧工况稳定与否的重要参数。炉膛负压影响漏风，更直接反映炉内燃烧的状况。当锅炉的燃烧系统发生故障或异常情况时，最先在炉膛压力的变化上反映出来，而后才是蒸汽参数的一系列变化。因此监视和控制炉膛压力，对于保证炉内燃烧工况的稳定具有极其重要的意义。

正常运行时，炉膛负压一般维持在 $30\sim50Pa$；而在即将进行除灰、清渣或观察炉膛燃烧情况时，炉膛负压应保持在 $50\sim80Pa$ 左右。炉膛负压过大，会增加炉膛和烟道的漏风，引起燃烧恶化，甚至导致灭火。反之，若炉膛负压过小，炉膛内的高温火焰及烟灰就可能外喷，不但影响环境卫生，还将造成设备损坏或引起人身事故。

运行中引起炉膛负压波动的主要原因是燃烧工况的变化。为了使炉内燃烧能连续进行，必须不间断地向炉膛供给燃料燃烧所需要的空气，并将燃烧后生成的烟气及时排走。如果排出炉膛的烟气量与燃烧产生的烟气量能保持平衡，则炉膛负压就相对保持不变。若上述平衡遭到破坏，则炉膛负压就要发生变化。例如在引风量不变的情况下，增加送风量，会使炉膛出现正压。

运行中即使在送、引风量保持不变的情况下，由于燃烧工况总有少量的变化，故炉膛压力总是脉动的。当燃烧不稳时，炉膛压力将产生强烈的脉动。运行经验表明：当炉膛压力发生剧烈脉动时，往往是灭火的预兆，这时必须加强监视和检查炉内燃烧工况，分析原因，并及时进行调整和处理。

炉膛负压的调节主要是通过改变引风机出力进行的。为避免炉膛出现正压和风量不足，在增加负荷时，应先增加引风量，再增加送风机量和燃料量；在减少负荷时，则应先减少燃料量和送风量，再减少引风机量。

对多数大型锅炉的燃烧系统，炉膛负压的调节也可通过炉膛与风箱间的差压而影响到二次风量的（辅助风挡板用炉膛与风箱间的差压控制），影响燃烧器出口的风煤比以及着火的稳定性，由于受一定调节速度的限制，不可操之过急。

4. 燃烧器的运行方式

所谓燃烧器的运行方式是指燃烧器负荷分配及其投停方式。负荷分配是指煤粉在各层喷口、各角或各只喷口的分配；燃烧器的投停方式是指停、投燃烧器的只数与位置。除了配风工况外，燃烧器的运行方式对炉内燃烧的好坏也有很大的影响。

为了保持火焰中心位置，避免发生火焰偏斜等现象，一般应力求使各燃烧器承担的负荷均匀对称，即将各燃烧器中的给煤量和风量调整一致。但有时为了适应锅炉负荷和煤种的改变、减少过热器的热偏差、提高运行经济性等方面的要求，应有意识地改变各燃烧器之间的负荷分配，即风、粉配比。对于四角切圆燃烧的直流燃烧器，为了减少火焰偏斜和避免结渣，当四角气流不对称时，将一角或相对两角的风粉量降低可能会有效果。改变四角布置燃烧器的上、下排的给粉量和二次风量，也是调整燃烧中心、改善气粉混合物状态和增强燃烧效果的常用措施。

根据运行经验，在负荷允许的情况下，可采用多火嘴、少燃料、尽量对称投入的运行方式。这样有利于火焰间的相互吸引，便于调节，容易适应负荷的变化，同时风、粉混合较好，火焰充满程度良好，使燃烧比较完全和稳定。当燃料挥发分降低时，则可采用集中火嘴、增加煤粉浓度的运行方式，使炉膛热负荷集中，以利于燃料的着火。

低负荷时要少投燃烧器，燃烧器投运要集中，并采用较高的给粉机转速以保持较高的煤粉浓度，这样有利于着火。低负荷运行时，炉膛热负荷低，易灭火，因此除采用高煤粉浓度的措施外，还可适当降低炉膛负压，调整好各燃烧器的粉量与风量，避免风速过大的波动。低负荷燃烧不稳定，必要时可投入油枪助燃，以稳定燃烧。

高负荷时应多投燃烧器，采用较低的给粉机转速，均匀承担负荷，使之稳定燃烧。但由于此时汽温较高，容易结渣，还应设法降低火焰中心，或缩短火焰长度，力求避免结渣。

当煤粉燃烧器中有油喷嘴时，尽量避免在同一燃烧器内进行长时间的煤油混烧。煤油混烧，油滴很容易粘附在碳粒表面，影响碳粒的完全燃烧，增加机械不完全燃烧热损失，也容易引起结渣和烟道再燃烧。

为保持一、二次风的出口速度，有时要停用一部分燃烧器。在正常工况下或在低负荷运行时，对燃烧器的投、停方式一般可参考如下原则：

（1）只有在为了稳定燃烧以适应锅炉负荷和保证锅炉参数的情况下才停用燃烧器。

（2）停上投下，有利于低负荷稳燃，也可降低火焰中心，以利于燃尽；停下投上，可以提高火焰中心，有利于稳定额定汽温。

（3）在燃烧器四角布置的燃烧方式中，宜分层投停，定时切换，以有利于水冷壁的均匀受热，不宜将一个角的燃烧器全部停运。

（4）需要对燃烧器进行切换时，应先投备用的燃烧器，待运行正常后，再停用运行的燃烧器，以防止中断或减弱燃烧。

（5）在投、停或切换燃烧器时，必须全面考虑对燃烧、汽温等方面的影响。

（四）水位调节

单元机组中锅炉汽包水位会因负荷、锅炉燃烧工况和给水压力等变化而波动。

1. 负荷对水位的影响

当负荷变化缓慢，锅炉的燃烧调整及给水调节能进行配合时，水位的变化是不明显的，但当负荷突然大幅度变动时，水位会迅速波动。

当负荷突然增加时，汽包压力将迅速下降，一方面使汽水混合物比体积增大，另一方面使饱和温度降低，炉水和水冷壁金属放出部分储热，促使生成更多的蒸汽，水中汽泡数量大增，汽水混合物体积膨胀，促使水位虚假上升，这就是虚假水位现象。虚假水位是暂时的，因为负荷增大，炉水消耗增加，炉水中的汽泡逐渐逸出水面后，汽水混合物体积又将收缩。所以，如果炉水未随负荷而增加，则水位必将下降；反之，当负荷突然下降时，水位波动过程相反。

运行中对虚假水位应有足够的思想准备，如负荷突然增加时，应先增加燃料与风量，强化燃烧，恢复汽压，然后再加大给水。如果虚假水位很严重，不加限制可能造成满水事故时，甚至可以先减少给水量，同时强化燃烧，恢复汽压，待水位停止上升时，再加大给水量，恢复正常水位。

2. 燃烧工况对水位的影响

燃烧工况的变化对水位影响也很大，如燃料量突然增大，水冷壁吸热增加，炉水体积膨胀，汽泡增加，将使水位暂时上升。另一方面，由于汽压升高，饱和温度上升，汽泡数量将减少，水位又会因此而下降。同时，汽压升高将造成蒸汽流量增加（调速汽门未动作），机组功率增加，如不加以人工干预，水位将进一步降低。由于发电机负荷是根据电力系统的需求统一安排的，所以这时机、炉、电应协同动作，使机组负荷降下来，恢复与该负荷相应的燃烧工况，水位也就稳定了。

3. 给水压力对水位的影响

给水压力的变化，将使给水流量改变，破坏了蒸发量与给水量的平衡，从而引起水位的变化。当给水压力增加时，给水流量增大，水位上升；当给水压力降低时，给水流量下降，水位降低。故应根据水位及时调整给水调节门的开度或给水泵的转速，以保持水位的稳定。

4. 汽包的相对容积

汽包尺寸愈大，水位变化速度愈慢。由于单元机组的相对汽包水容积较小，所以水位变化速度较大。

5. 锅水循环泵的启停及运行工况

强制循环锅炉在启动锅水循环泵前，汽包水位线以上的水冷壁出口至汽包的导管均是空的，所以启动锅水循环泵时，汽包水位将急剧下降。当锅水循环泵全部停运后，这部分水又要全部返回到汽包和水冷壁中，而使汽包水位上升。此外，锅水循环泵的运行工况，也将对汽包水位产生一定的影响。

影响汽包水位变化的因素很多，近代大型锅炉均采用给水全程控制。启动初期，切换至单冲量；当蒸汽流量>30%MCR时，切换为三冲量，利用蒸汽流量 D 作为先行信号，给水量 G 作为反馈，进行粗调，然后用水位信号 H 进行校正，以防止产生低负荷下过大的测量误差。水位调节是一个复杂的热力过程，加之"虚假水位"现象的干扰，对运行人员的操作和给水自动调节系统的设计提出了更高的要求。在监视汽包水位时，还需注意给水流量和蒸汽流量的差值变化，分析水位变化趋势，以便在自控系统故障时，能够及时发现问题，并切换到手操状态。

此外应当指出，一次水位计所指示的水位高度与汽包内实际水位高度是有差异的，这是因为汽包内的水与水位计中的水密度不同。工作压力愈高，这种偏差就愈大。对亚临界自然循环锅炉，两者水位相差为 50～100mm，水位低时偏差小，水位高时偏差大。

二、直流锅炉的运行调整

单元机组中的直流锅炉运行必须保证汽轮机所需要的蒸汽量、过热蒸汽压力和温度的稳定不变。其参数的稳定主要取决于两个平衡：汽轮机功率与锅炉蒸发量的平衡、燃料与给水的平衡。第一个平衡能稳住汽压，第二个平衡能稳住汽温。但是由于直流锅炉受热面的三个区段无固定分界线，使得汽压、汽温和蒸发量之间紧密相关，即一个调节手段不只仅仅影响一个被调参数。因此，实际上汽压和汽温这两个参数的调节过程并不独立，而是一个调节过程的两个方面。除了被调参数的相关性外，还由于这种锅炉的蓄热能力小，因此，工况一旦受扰动，蒸汽参数的变化很敏感。

1. 过热蒸汽压力

在汽包锅炉中，要调节蒸发量，先是依靠调节燃烧来达到的，与给水量无直接关系。给水量是根据汽包水位来调节的。但在直流锅炉内，炉内燃烧率的变化并不最终引起蒸发量的改变，而只是使出口汽温升高。由于锅炉送出的汽量等于进入的给水量，因而只有当给水量改变时才会引起锅炉蒸发量的变化。直流锅炉汽压的稳定，从根本上说是靠调节给水量实现的。

但如果只改变给水量而不改变燃料量，则将造成过热汽温的变化。因此，直流锅炉在调节汽压时，必须使给水量和燃料量按一定的比例同时改变，才能保证在调节负荷或汽压的同时，确保汽温的稳定。例如在外界需要锅炉变负荷时，先改变燃料量，再改变给水量，就有利于保证在过程开始时蒸汽压力的稳定。

2. 过热蒸汽温度

直流锅炉由省煤器、水冷壁和过热器串联而成，汽水状态无固定的分界点，由此形成不同于汽包锅炉的汽温特性。在稳定工况下，若锅炉效率、燃料应用基低位发热量、给水焓保持不变，则过热蒸汽焓只取决于燃料量与给水比例。如果该比例保持一定，则过热蒸汽焓与过热蒸汽温度便可保持不变。这说明煤水比的变化是造成过热汽温波动的基本原因。因此，直流锅炉的汽温调节主要是通过对给水量和燃料量的调整来完成的。但在实际运行中，当过热蒸汽温度改变时，首先应该改变燃料量或者改变给水量，将保持煤水比作为粗调节，使汽温大致恢复给定值，然后用喷水减温作为细调节的方法较快速、精确地保持汽温。

在运行中，为了更好地控制出口汽温，常在过热区段的某中间部位取一测温点，将它固定在相应的数值上，这一点称为中间点。在给定负荷下，与主蒸汽焓值一样，中间点的焓值（或温度）也是煤水比的函数。只要煤水比稍有变化，就会影响中间点温度，造成主蒸汽温度超限。而中间点的温度对煤水比的指示，显然要比主蒸汽温度的指示快得多。因此可以选择位置接近过热器进口的中间点的焓值控制煤水比，它可以比出口汽温信号更快地反映煤水比的变化，起提前调节的作用。中间点一般选为具有一定过热度的微过热蒸汽（如分离器出口），若位置过于靠前（如水冷壁出口），则当负荷或其他工况变动时，中间点温度一旦低至饱和温度即不再变化，因而失去信号功能。

实际运行中，由于给粉量的控制不可能很精确，因而只能将保持煤水比作为粗调，以喷水减温对过热汽温进行细调。大型直流锅炉的喷水减温装置通常分为两级，第一级布置于后屏过热器的入口，第二级布置于末级过热器的入口。用喷水减温调节汽温时，要严格控制减温水总量，尽可能少用，以保证有足够的水量冷却水冷壁；高负荷投用时，应尽可能多投一级减温水，少投二级减温水，以保护屏式过热器。

3. 再热蒸汽温度

由于过热汽温用控制煤水比进行调节，也就同时使再热器内的蒸汽流量与燃料量大致成比例地变化，对再热汽温也起到了粗调作用。这与汽包锅炉的情况没有差别。因此，直流锅炉的再热汽温调节仍可采用蒸汽锅炉的烟侧调温方式，喷水减温只作为微调和事故喷水之用。

对于再热汽温长期偏高或偏低的问题，可通过改变中间点温度设定值的方法加以解决，降低中间点温度，则再热汽温降低；提高中间点温度，再热汽温升高。该方法的实质依然是变动煤水比的控制值。

综合上述讨论可知，直流锅炉在带固定负荷时，由于汽压波动小，主要的调节任务是汽温调节。在变负荷运行时，汽温汽压必须同时调节，即燃料量必须随给水量作相应变动，才能在调压过程中同时稳定汽温。

根据直流锅炉参数调节的特性，国内总结出一条行之有效的操作经验："即给水调压，燃料配合给水调温，抓住中间点，喷水微调。"例如：当汽轮机负荷增加时，过热蒸汽压力必下降，此时加大给水量以增加蒸汽流量，然后加大燃料量，保持燃料量与给水量的比值，以稳住过热蒸汽温度，同时监视中间点，用喷水作为细调的手段。

课题二　单元机组运行监视

教学目的

了解各主要参数的运行监视。

一、主蒸汽压力的监视

过热蒸汽压力是蒸汽质量的重要指标。在锅炉运行中，必须监视和控制这一指标，使其在规定的范围内。如果汽压波动过大，则会直接影响到锅炉和汽轮机的安全与经济运行。

汽压降低，会减小蒸汽在汽轮机内膨胀做功的焓降，使汽耗增大。如果汽压降低额定值的 5%，则汽轮机汽耗量增加约 1%。汽压过低甚至会导致汽轮机被迫减负荷，影响正常发电。

汽压过高，机械应力过大，将危及机、炉及蒸汽管道的安全运行。当安全门动作时，会造成大量的排汽损失，并引起汽包水位较大地波动。若因汽压过高而使安全门经常动作，还会造成安全门磨损或使污物沉积在阀座上，容易发生回座关闭不严，以致造成经常性的漏汽损失，严重时甚至需停炉进行检修。

因此，运行中应严格监视锅炉的汽压并维持其稳定。锅炉运行时的正常汽压通常是锅炉设计的额定压力。汽压允许的范围，对中压锅炉一般为 ±0.05MPa；对高压以上的锅炉一般为 ±0.1～±0.2MPa。其具体数值，根据不同类型锅炉的运行特性，在现场规程中都有规定。

(一)影响汽压变化的因素

锅炉运行时蒸汽压力能否稳定取决于锅炉蒸发量和外界负荷是否平衡。若锅炉蒸发量大于外界负荷，汽压就升高。从物质平衡观点看，汽压是衡量锅炉蒸发量与外界负荷是否平衡的标志。

影响汽压变化的因素可归纳为两方面：一是锅炉外部因素，称为"外扰"；二是锅炉内部因素，称为"内扰"。

1. 外扰

外扰主要是指外界负荷正常的增减及事故情况下的大幅度负荷波动。它具体反映在汽轮机所需蒸汽量的变化上。当外界负荷突增而锅炉的燃料量还未来得及增加时，汽压将下降；而在外界负荷突减时，汽压则上升。

2. 内扰

内扰主要是指锅炉本身给水量、燃料量或其他因素的扰动。对于煤粉炉，煤质的变化、送入炉膛的煤粉量和煤粉细度的变化、风量的变化都会导致蒸发量发生变化，从而引起汽压发生变化。

在外界负荷不变的情况下，汽压的稳定主要取决于炉内燃烧工况的稳定。当燃烧工况稳定时，汽压变化是不大的，这也是运行上所要求的。当燃烧工况不稳定或失常时，炉膛的热负荷将发生变化，蒸发受热面的吸热量发生变化，因而汽压必将发生较大地变化。

3. 内扰和外扰的判断

无论是内扰还是外扰，汽压的变化总与蒸汽流量的变化密切相关。因此，在锅炉运行中，除了可利用电力负荷表直接判明外界负荷是否变化外，还可根据汽压与蒸汽流量的变化关系，来判断汽压变化的原因是属于外扰还是内扰。

(1) 若在汽压降低的同时，蒸汽流量增加，则说明外界要求蒸汽量增加；若在汽压升高的同时，蒸汽流量减少，则说明外界要求蒸汽量减少，这都属于外扰。在外扰的情况下，锅炉汽压与蒸汽流量的变化方向总是相反的。这一规律无论对单元机组还是对并列运行的锅炉都是适用的。

(2) 若在汽压降低的同时，蒸汽流量也减少，则说明燃料燃烧供热量偏少；若在汽压升高的同时，蒸汽流量也增加，则说明燃料燃烧供热量偏多，这都属于内扰。在多数内扰的情况下，锅炉汽压与蒸汽流量的变化方向是相同的。

应该指出，对于单元机组，上述判断内扰的方法仅适用于工况变化的初期，即汽轮机调速汽门未动作之前，调速汽门动作以后，汽压与蒸汽流量的变化方向是相反的。如当外界负荷不变时，锅炉燃料量突增（内扰），在最初阶段汽压上升，同时蒸汽流量增加，但当汽轮机调速汽门关小（为了维持汽轮机额定转速）以后，则汽压继续上升，而蒸汽流量则减少；反之，当燃料量突然减少时，在最初阶段汽压下降，同时蒸汽流量减少，但当汽轮机调速汽门开大以后，则汽压继续下降，而蒸汽流量则增加。

4. 汽压的变化速度

当外界负荷变化时，锅炉汽压的变化速度取决于外界负荷的变化速度、锅炉的储热能力。燃烧设备的惯性以及自动调节装置或运行人员操作的灵敏性。

各种情况对汽压变化速度影响的特点如下。

(1) 外界负荷变化速度。外界负荷变化速度越快，则汽压变化的速度越快，恢复规定汽压的速度越慢。反之，外界负荷变化速度越慢，则汽压变化的速度越慢，恢复规定汽压的速度越快。

(2) 锅炉的储热能力。锅炉的储热能力是指当外界负荷变动而燃烧工况不变时，锅炉能够放出或吸收的热量的多少。锅水因过饱和而放出热量，管壁金属也相对地放出热量，这些热量将使部分降低的汽压上升。因此，锅炉的储热能力越大，汽压变化速度越慢，恢复到规定汽压的速度越快；储热能力越小，汽压变化速度越快，恢复到规定汽压的速度越慢。

显然，锅炉的储热能力与蒸发受热面金属量和水容积的大小有关，也与锅炉的结构和工作参数有关。由此可知，汽包锅炉由于具有厚壁的汽包及较大的水容积，因而其储热能力较大。汽包锅炉的储热能力大约为同容量直流锅炉的 2～3 倍。

（3）燃烧设备的惯性。燃烧设备的惯性是指从燃料量开始变化到炉内建立起新的热负荷所需要的时间。若燃烧设备的惯性大，则当负荷变化时，汽压的变化速度较快，恢复汽压的速度较慢；反之，若燃烧设备的惯性小，则汽压的变化速度较慢，恢复汽压的速度较快。

燃烧设备的惯性与燃料种类和制粉系统的形式有关。燃煤比燃油的燃烧设备的惯性要大，直吹式制粉系统比中间储仓式制粉系统的燃烧设备的惯性要大。

（二）汽压的控制和调节

控制汽压稳定于规定范围内，实际上就是力图保持锅炉蒸发量与汽轮机负荷之间的平衡。汽压的控制和调节是以改变锅炉蒸发量作为基本调节手段的。而锅炉蒸发量的大小决定于送入炉内燃料量的多少和燃烧情况的好坏，因此调节汽压实质上就是调节锅炉的燃烧。所以，对于单元机组锅炉运行，在一般情况下，无论引起汽压变化的原因是外扰还是内扰，只要根据汽压的变化，适当增、减燃料量和送风量就可以达到调节的目的。当锅炉汽压降低时，应加强燃烧，即增加燃料量和送风量；反之，当锅炉汽压升高时，则应减弱燃烧，即减少燃料量和送风量。

在调节燃料量和送风量的操作中，为了提高燃烧的经济性，当增加负荷时，应先增加送风量，紧接着再增加燃料量；减少负荷时则相反。但是，由于炉膛中总是保持有一定的过量空气，所以在某些实际操作中，当负荷增加较多或增加的速度较快时，为了使汽压不至于有大幅度地下降，则可以先增加燃料量，紧接着再增加送风量；低负荷运行时，由于炉膛内相对过量空气量较多，因而在增加负荷时，也可以先增加燃料量，紧接着再增加送风量。

在异常情况下，当汽压急剧升高，只靠燃烧调节来不及时，可采用增加汽轮机负荷、开启过热器疏水门或对空排汽等方法，以尽快降压。

对带有旁路系统的单元机组，则主要通过旁路系统调压。

二、主蒸汽温度的监视

蒸汽温度也是锅炉运行中必须监视和控制的主要参数之一。

在锅炉运行中，如果过热汽温额定值过大，将会直接影响到锅炉和汽轮机的安全、经济运行。

若过热汽温过高，超过了设备部件（如过热器管、汽轮机的喷嘴和叶片、蒸汽管道阀门等）的允许工作温度，将使钢材加速蠕变，从而降低设备使用寿命。严重超温甚至会使管子过热而爆破。

过热汽温过低，将会降低热力设备的经济性。如在蒸汽初始压力为 11.76～24.5MPa 时，过热汽温每降低 10℃，大约会使循环效率降低 0.5％。过热汽温过低，在总负荷不变时，会使汽轮机末几级焓降增加，还会使汽轮机的最后几级的蒸汽温度增加，对叶片的侵蚀作用加剧，汽缸变形严重时发生振动，威胁汽轮机的安全。因此，运行中规定，在汽温低到一定数值时，汽轮机就要减负荷、启动低压缸喷水保护，甚至紧急停机。

现代锅炉对过热汽温的控制是非常严格的，对于高压和超高压锅炉，汽温允许的变化范围一般为额定值±5℃。

对于具有中间再热的锅炉，运行中还需保证再热汽温在允许范围内。因为再热汽温偏离额定值时，同样会影响到运行的经济性和安全性。特别是再热汽温的急剧变化，将会导致汽轮机中压缸和转子间的胀差发生显著变化，威胁汽轮机运行的安全。因此，运行中要对再热汽温严格控制。

影响过热汽温变化的主要因素有烟气侧和蒸汽侧两个方面。

1. 烟气侧的影响

（1）燃料量及炉膛出口处烟温变化的影响。燃料量增加将使炉膛出口烟气温度增加，从而使过热器的传热温差和传热系数都增加，导致传热量增加，结果使汽温升高。当由于其他原因促使炉膛出口烟温升高时，也将使汽温升高。燃煤挥发分含量降低、灰分含量增高、煤粉过粗、炉膛结渣、炉膛负压增大等均会使炉膛出口处烟温升高，汽温上升；反之，将使炉膛出口烟温降低，汽温下降。

（2）燃煤水分变化的影响。当燃煤水分含量增加时，将使煤的发热量减少。为了保证锅炉蒸发量不变，必须增加燃煤量。由于炉内水分蒸发和燃煤量增加使生成的烟气量增加而导致传热系数增大。另一方面，燃煤量的增加已弥补了水分对发热量减少的影响，又由于烟气量的增加使烟气在炉膛内的上升速度增加而导致炉膛出口烟温升高。传热系数的增大和炉膛出口烟温的升高又导致了过热汽温的升高。当燃煤水分减少时，汽温将下降。

（3）风量变化的影响。送风量或漏风量增加会使炉内过量空气系数增加，低温的空气使炉膛温度下降，炉内辐射传热强度减弱，进而影响炉膛出口烟温的升高。另一方面，空气量的增加使烟气量增加，传热系数增大，同时炉底漏风还将使燃烧过程推迟，从而提高火焰中心位置。总之，在一般情况下，风量增加时，辐射过热器的汽温将有所下降，而对流过热器的汽温升高。

（4）燃烧器运行方式及配风的影响。当燃烧器从上排运行切换至下排运行时，将使炉膛火焰中心下移，使汽温下降；反之，汽温将上升。在直流燃烧器运行中，在送风量不变的情况下，如果多用上二次风而少用下二次风，也会使火焰中心下移，使汽温下降；反之，汽温将上升。对于摆动式燃烧器，抬高或压低喷嘴角度则可明显改变火焰中心位置，影响过热汽温。

（5）给水温度变化的影响。当给水温度降低时，从给水加热到饱和蒸汽需要的热量增加，如不增加燃料量，蒸发量将下降。为了维持蒸发量不变，必须增加燃料量，一方面使炉内总辐射热和炉膛出口烟温增加，辐射式过热器出口汽温升高，另一方面对流式过热器也因烟气量及传热端差的增大而提高其出口汽温。两方面的综合作用使过热汽温有较大地升高。一般给水温度每降低3℃，过热汽温升高约1℃。

（6）受热面清洁程度的影响。当过热器前的受热面结渣或积灰时，炉内辐射换热量和水冷壁蒸发量减少，炉膛出口烟温升高，过热器的传热温差增大，汽温升高。当过热器本身被灰污时，将使过热器的传热热阻增大，对流传热量减少，过热汽温降低。

2. 蒸汽侧的影响

（1）锅炉负荷变化的影响。运行中锅炉的负荷是经常变化的。负荷变化时，汽温的变化与过热器的形式有关。辐射式过热器的汽温变化特性是负荷增加时汽温降低，负荷减小时汽温升高，而对流式过热器的汽温变化特性是负荷增加时汽温升高，负荷减小时汽温降低。

（2）饱和蒸汽湿度变化的影响。从汽包出来的饱和蒸汽总是含有少量的水分。在汽压、水位稳定，锅炉负荷又不高的情况下，饱和蒸汽湿度变化甚小。当运行工况不稳定，尤其是水位过高或负荷突增，而汽包内汽水分离设备的分离效果又不佳时，就会使饱和蒸汽的湿度大大增加。这样，饱和蒸汽增加的水分在过热器内要吸收汽化热，从而使汽温降低。蒸汽若大量带水，将引起汽温急剧下降。

（3）减温水量或水温变化的影响。在采用减温器的过热器系统中，当减温水量或水温发生变化时，将引起蒸汽在过热器内总吸热量的变化。当烟气侧传给蒸汽的热量基本不变时，则汽温就会相应地发生变化。

（4）此外，对于表面式减温器，当发生泄漏时则会引起汽温的下降。

三、再热蒸汽温度的监视

再热蒸汽温度也随主蒸汽温度和机组负荷的变化而变化，会影响机组的安全和热经济性。

对于亚临界、超临界机组，再热汽温每降低 10℃，发电煤耗将增加约 0.8g 标准煤/(kW·h)。

由于再热蒸汽的温度高而压力低，其比热容较过热蒸汽要小，同时，再热蒸汽不仅受到锅炉方面因素的影响，而且受汽轮机运行工况改变的影响也较大，所以再热蒸汽受工况变化的影响比较敏感，再热汽温的变化较过热汽温为大。与过热器相比，再热器更容易因再热汽温变化而出现超温现象，所以对再热蒸汽温度要进行严密监视，其上、下限与主蒸汽温度相同。

再热蒸汽温度升高超过允许范围时，会使再热器和中压缸前几级金属材料的强度下降，缩短使用寿命，温度过高时会引起再热器爆管。再热汽温低于允许值时，会使末级叶片应力上升及湿度增大，若长期在低汽温下运行，会使末级叶片遭到严重的水蚀。

再热蒸汽温度的急剧变化，会引起中压缸金属部件的热应力、热变形的大幅度变化。

四、凝汽器真空的监视

凝汽器的真空值对汽轮机的安全性与经济性有很大的影响。

汽轮机真空下降，即背压或排汽压力升高，会有下列危害：

（1）排汽室温度升高，使低压缸及轴承座热膨胀增大，可能引起汽轮机转子与汽缸同心性的改变，导致机组振动加大。

（2）由于热膨胀，可能使轴封径向间隙减小以致消失。

（3）排汽温度过分升高，可能引起凝汽器管板上的铜管胀口松弛而泄漏，恶化凝结水质。

（4）排汽压力升高，汽轮机可用焓降减少，经济性恶化。

（5）排汽压力升高，使汽耗率增加，功率下降，如要维持机组功率，就要开大调节汽门，增加蒸汽流量，使轴向推力增大。（所以凝汽器真空降低时，必须限制汽轮机功率。）

若真空较高时，蒸汽焓降增加，汽耗率下降，机组热效率提高，但循环水的电耗较大，排汽湿度也较大。过高的真空将使汽轮机的末级无法利用并加大末级的压差和推力。因此，应根据设备特点和气候变化，调节循环水流量，维持最佳真空。

运行中真空降低的现象时有发生。真空降低的主要原因有凝汽器严密性不好、抽气器故障、抽气管路漏气或堵塞、轴封系统故障和循环水泵故障使循环水量减少或中断等。

五、汽轮机常规监督

1. 监视段压力

在汽轮机运行中，将调节级压力和各段抽汽压力通称为"监视段压力"。在负荷大于30%额定负荷时，凝式式汽轮机除最末一、二级外，各监视段压力均与蒸汽流量成正比关系变化。因此运行中可用这种现象来监视汽轮机负荷的大小和通流部分的运行工况。

在同一负荷条件下，若监视段压力升高，则说明监视点以后通流面积减小，通常是结了盐垢。结垢使机组内效率降低，各级反动度增加，轴向推力加大。对于高压汽轮机，其监视段压力在同一负荷下的允许变化范围为 5%。当结垢使监视段压力增长 5%～15% 以上时，轴向推力将大到危险的程度，这时应对通流部分进行清洗。在运行中应根据制造厂提供的各段压力的蒸汽流量或机组负荷的关系曲线，监视各段压力。

如果调节级和高压缸各段抽汽压力同时升高，中、低各段抽汽压力降低，则可能是中压调速汽门开度受到了限制。如果某个加热器停运，相应的抽汽段压力也将升高。

分析监视段压力时，还应监视各段之间的压差。压差如超过规定值，会使该级隔板和动叶的工作应力增大，从而损坏设备。

2. 轴 向 位 移

轴向位移又称串轴，是由于汽轮机转子受到轴向推力的作用产生的，是监视推力轴承工作情况和汽轮机动、静部分轴向间隙变化的重要指标。

转子轴向位移的大小反映了汽轮机推力轴承的工作状况。

轴向位移增大原因：

（1）轴承润滑油质恶化；

（2）推力轴承结构有缺陷或工作失常；

（3）轴向推力增大。（蒸汽流量增大、参数降低、真空降低、隔板汽封磨损、漏汽量增大、通流部分积垢、汽缸进水。）

推力轴承监视的项目有推力瓦块金属温度和推力轴承回油温度。有的机组还装有瓦块乌金磨损量指示表、瓦块油膜压力测点等。推力瓦块金属温度最高允许值一般为 90～95℃。推力轴承回油温度最高允许值一般为 75℃。

运行中如发现轴向位移增大或推力轴承温度超过规定范围，应减少机组负荷，使轴向位移和轴承湿度下降到规定的范围内。大型汽轮机装有电磁式或液动式的轴向位移保护装置，当轴向位移增大到规定的极限值时，轴向位移保护装置将动作，使汽轮机跳闸，自动主汽阀和调节汽阀关闭，以避免设备的损坏。

轴向位移表的指示小于推力轴承间隙，表示转子的推力盘离开推力瓦的工作面，这在轴向推力平衡得较好的机组中是可能出现的。轴向位移表指示负值，说明推力瓦承受反向推力，由推力轴承的非工作瓦块承受轴向推力，此力过大可能使推力瓦非工作面的乌金被磨损。

3. 机 组 振 动

汽轮发电机组是高速转动的设备，正常运行时允许有一定程度的振动，但强烈振动则可能是设备故障或运行调节不当引起的。汽轮机的大部分事故，尤其是设备损坏事故，都在一定程度上表现出某种异常振动，而振动又会加快设备的损坏，形成一种恶性循环。因此运行中要注意监督机组的振动，及时采取措施，保证设备的安全。

对机组的振动，国际标准化组织（ISO）和中国国家标准都有以轴承座振动烈度（振动速度的均方根值）为衡量的标准，但因汽轮发电机组具有动、静部件间隙小等特殊性，通常都是以轴承座或其附近转轴振动的双振幅（峰-峰）值为依据。一般规定，额定转速为3000r/min 的汽轮机，轴承振动为 0.025mm 及以下为良好，0.05mm 及以下为及格。

振动标准涉及因素很多，国际上对大型机组趋向于测转轴的振动。对此 ISO 和中国国家标准 GB11348.1—1989《旋转机械转轴径向振动的测量和评定》中都作了说明。

机组的振动一般在机组各支承轴承处测量。应从垂直、横向和轴向三个方向测量振动的双振幅值。涡流位移传感器常与测轴承座振动的传感器合为一体，既可测轴承座和转轴的绝对振动，又可测转轴相对轴承座的相对振动。

运行中振动增大的原因可能有：①负荷或蒸汽参数变化过快造成机组膨胀或收缩不均；②润滑油油质劣化或油温不合适破坏了油膜工作的稳定性；③蒸汽带水引起水冲击；④轴向位移过大引起动、静部分摩擦等。另外，转子部件的松动、侵蚀、结垢或叶片断裂引起的转子不平衡、轴瓦紧力不够、轴瓦间隙不当及安装、制造上的其他原因也可引起振动增大。

发生异常振动时，应降低机组的负荷或转速，使振动值降低。在减负荷的同时观察机组状态和蒸汽参数，找到原因，消除障碍，然后才能恢复负荷。

汽轮发电机组装有振动保护装置，当振动超过规定值时，保护动作使汽轮机跳闸。如振动超过规定的最大值，威胁机组的安全，而保护又未动作或未投入振动保护时，应立即手动跳闸装置，以保证设备的安全。

4. 胀差

胀差是衡量汽轮机状态的一个重要指标，用来监视动、静各个部分的轴向间隙。胀差值的增大，无论是正胀差还是负胀差，都将引起某一部分的轴向间隙的减小，如胀差超限，致使局部轴向间隙消失，将导致动静间的摩擦。因此，运行中的胀差应小于制造厂规定的限制值。

运行中主蒸汽流量变化及蒸汽温度变化时，要注意胀差的变化，限制负荷变化率和蒸汽温度变化率，有效控制胀差。

5. 轴瓦温度

汽轮发电机组主轴在轴承的支持下高速旋转，引起了轴瓦和润滑油温度的升高，所以在运行中要监视轴瓦温度和回油温度，当发现下列情况时要停止汽轮机运行：

（1）任一轴承回油温度超过 75℃，或突然升高到 70℃。

（2）轴瓦金属温度超过 85℃。

（3）回油温度升高，轴承内冒烟。

（4）润滑油压低于规定值。

（5）盘式密封瓦回油温度超过 80℃或乌金温度超过 95℃。

为了使轴瓦工作正常，一般控制轴承进口油温应不低于 35~45℃，轴承进出口油温差在 10~15℃之间。为保证轴瓦的润滑和冷却，运行中还应经常检查油箱油位和油质及冷油器的运行情况。

六、发电机、主变压器的监视和维护

发电机经常要监视的参数有：发电机有功功率、无功功率、定子电压、定子电流、转子电压、转子电流、发电机温度、主变压器温度及冷却系统参数等。

1. 发电机电压

电压是电能质量的重要指标之一。为保证提供良好的电能质量，必须保持发电机电压在规定的范围之内。但是，监视与控制发电机电压的更重要的目的是为了保证机组和系统的安全。

发电机电压规定不得低于额定电压的 90%，如果电压低于该值，则机组有可能与电力不同步而造成事故。若单元机组发电机电压过低，则直接接在发电机的厂用电系统的电压也必然降低，影响厂用电动机的可靠运行，发电机本身也因电流增大而需限制负荷。

现代发电机磁路是按相当高的磁饱和程度设计的。当发电机电压升高时，由于磁通饱和，会使定子铁损大大增加，致使定子铁芯温度升高而损害绝缘。铁芯过度饱和，还会使主磁通的某些部分被排挤出铁轭以外，与沿机架的金属部件形成回路，并在其中感应出很大的电流，引起发热，使转子护环表面及端部其他部件发热。所以正常运行时，发电机电压不能超过额定值的 110%，一般应保持在额定值的 ±5% 以内，此时发电机可以维持额定出力。

2. 发电机功率

电力系统的负荷包括有功功率和无功功率，其全部功率称为视在功率。其中有功功率指的是电能转换为其他的能量形式（如机械能，光能，热能等），并在用电设备中真实消耗掉的功率，而发电机为产生磁场所消耗的功率称为无功功率。由于电力系统运行方式的改变或由于电力用户用电的变化，使系统的有功功率和无功功率失去平衡，会引起系统频率和电压的变化。因此，机组运行中应按照预定的负荷曲线或调度的命令，对各发电机的有功负荷和无功负荷进行调整，维持系统有功功率和无功功率的平衡，以保证频率和电压维持在允许的偏移范围之内。

（1）有功负荷的调整

正常情况下，发电机有功负荷的调整是根据频率和有功负荷的变化，由汽轮机调节系统（DEH）控制汽轮机调节汽门的开度，调节汽轮机的进汽量，改变汽轮机的转矩大小，从而改变发电机的输出有功功率。

汽轮机的驱动转矩与发电机的制动电磁转矩平衡时，发电机的转速维持恒定。当有功负荷增加时，发电机转轴上的制动转矩增大，若汽轮机驱动转矩不变，则发电机转速下降，要维持发电机的频率不变，就需要增加汽轮机的进汽量，以增加驱动转矩；反之，当有功负荷减少时，汽轮机出力不变，则发电机的转速要上升，频率随之升高，要维持频率恒定，就需要根据发电机有功负荷的变化及时调节汽轮机的进汽量，保持汽轮发电机组的转矩平衡。

（2）无功负荷的调整

正常情况下，单元机组发电机无功负荷的调整，是根据电网给定的电压曲线、功率因数表或无功功率表及电压表的指示，由自动激磁调节系统（AVR）通过调节可控硅的触发脉冲相位，即改变控制角 α，从而改变可控硅整流电路的输出，来自动调整发电机的激磁电流而实现的。

当有功负荷不变而无功负荷增加时，功率因数下降；同理，当有功负荷不变而无功负荷减少时，功率因数升高。一般情况下，应保持发电机无功负荷与有功负荷的比值大于或等于 1/3，即功率因数不超过迟相 0.95，否则会由于发电机气隙等效合成磁场磁极和转子磁场磁极之间的电磁力减小，功角增大，使发电机运行的静态稳定性下降，容易导致发电机失去同步。为保证单元机组运行的稳定，进行无功调整时，应注意不使发电机进相运行。当发电机自动激磁装置投入时，它可以自动进行无功调节，若不满足调节要求时，可手动调整励磁机磁场变阻器、自动激磁调整装置中的变阻器或自耦变压器来进行辅助调节。

由于发电机组并列运行时，调整某一台发电机的无功负荷，会引起其他机组无功负荷的变化。此时应注意监视，并及时调整各机的无功负荷，使它们在合理的无功分配工况下运行。

（3）功率因数

功率因数 $\cos\varphi$ 表示发电机输出有功功率与视在功率之比，即发电机定子电压和定子电流之间相角差的余弦值。发电机额定功率因数是在额定参数运行时，发电机的额定有功功率与额定视在功率的比值。一般发电机的额定功率因数为 0.8（滞后），大容量发电机的额定功率因数为 0.85 或 0.9（滞后）。

功率因数的最低值不作限制，但其最高值则取决于机组和系统并列运行的稳定性。在AVR 投入且运行情况良好的条件下，一般允许升高到 $\cos\varphi=1$ 运行。此时，如果汽轮机最大出力允许，则发电机的定子电流可等于额定值，从而保证发电机的额定总出力。

低功率因数运行时，发电机出力应降低，因为功率因数下降，定子电流中的无功分量增大，转子电流势必增大，容易引起转子绕组电流超过额定值而过热的现象。试验证明，当功率因数 $\cos\varphi=0.7$ 时，发电机的出力将减少 8%。因此，应注意控制发电机的定、转子电流不超过当时冷却条件下所允许的数值。

高功率因数运行时，由于发电机的电势降低，使发电机的端电压及静态稳定性下降，所以必须加强监视，以避免发电机失步，并监视厂用电母线电压，保持其正常值。

3. 发电机温度

运行中的发电机，除发出有功功率和无功功率以外，本身也要消耗一部分能量，所消耗的能量主要包括机械损耗、铜损和铁损。这些损耗都会转化为热能，并导致发电机各部分的温度升高。大型发电机为内冷机组，其体积小，损耗密度大，对其冷却系统和各部温度的监视更为重要。

发电机有效部分中的导磁材料和导电材料的工作温度在 200℃ 以下时，不会影响其电磁和机械性能。但发电机有效部分的绝缘材料的耐热性能较差，工作温度过高，会加剧绝缘老化，缩短使用寿命。故发电机有效部分的允许温度应按其绝缘材料的耐热等级来确定。

各种绝缘材料的允许温度如表 2-1 所示。

表 2-1　　　　　　　　　　　　　绝缘材料允许温度

绝缘等级	A	E	B	F	H
允许温度（℃）	105	120	130	150	175

4. 变压器温度

变压器运行时，由于变压器铁芯中存在铁损，绕组中存在铜损，使之温度升高。为防止变压器绝缘材料和绝缘油老化，应控制变压器运行温度在允许值以内。一般油浸式变压器的绝缘属 A 级，正常运行时，当环境温度为 40℃ 时，变压器绕组的最高允许温度规定为 105℃，由于变压器绕组平均温度通常比油温高 10℃ 左右，所以上层油温不宜超过 95℃。

为了防止油质劣化过快，上层油温一般不宜超过 85℃。对于强迫油循环风冷或水冷的变压器，上层油温一般不应超过 75℃，最高不得超过 80℃。对于强迫油循环导向冷却的变压器，上层油温一般不应超过 70℃，最高不得超过 75℃。因为这两种变压器铜与油的温差较大，故要求更严一些。

变压器运行时，不仅应监视上层油温，而且还应监视上层油的温升。因为当环境温度降低时，变压器外壳的散热大为增加，而变压器内部的散热能力却很少提高，当变压器高负荷运行时，尽管有时变压器上层油温未超过规定值，但温升却可能超过规定值，所以当变压器运行环境温度为 40℃时，规定其绕组的最高允许温升 65℃，上层油允许温升为 55℃。对于强迫油循环导向冷却的变压器，上层油允许温升规定为 60℃。

当温度或温升超过规定值时，应迅速采取减负荷的措施。对变压器来说，负荷是指通过的视在功率而不是有功功率，这一点要特别注意。当变压器冷却系统故障时，应迅速恢复其正常运行，并按规定减少变压器负荷。当冷却器故障全停时，则应按规定限制变压器的运行时间。

5. 频率的监视

电网的频率决定于整个电网有功负荷的供求关系。我国电力系统的额定频率为 50Hz，发电机正常运行时，应该保持电网在额定频率 ± 0.2Hz 的范围之内。发电机在电网频率降低的情况下运行时，其危害可大致归纳为以下几方面：

(1) 发电厂大多数厂用设备（如泵和风机）是由异步电动机拖动的，系统频率降低将使电动机输出功率降低，严重时会造成水泵上不了水或风机风量大大降低而危及生产。

(2) 低频运行时，容易引起汽轮机叶片的共振，缩短汽轮机叶片的寿命，严重时会使叶片断裂。

(3) 系统频率的降低，会使异步电动机和变压器的励磁电流大大增加，引起转子、励磁回路、定子线圈和铁芯温度升高，导致系统无功负荷的增加。其结果是引起系统电压的下降，而电压的下降又将使电动机转矩下降，这样就形成恶性循环，严重时会导致重大事故的发生。

高频率运行对系统本身和用户也将产生不利影响，如使系统电压升高对绝缘不利，增加用户和系统的损耗等。

6. 冷却系统的监视

大容量汽轮发电机一般都采用氢冷或水冷。氢冷系统主要监视氢气纯度、湿度和压力。水冷系统的水质、水量要求较高，应予监督和保证。此外，还应定期检查发电机有无漏水现象。

(1) 氢气纯度监督。在氢气和空气的混合气体中，若氢气含量在 5%～75%，便有爆炸的危险性（在含氢气量为 22%～40% 范围内爆炸力最大）。当氢气纯度下降到接近于爆炸危险的浓度时，就不允许发电机继续运行。运行中要求氢气纯度不低于 98%。另外，随着氢气纯度的降低，其热容量（氢压一定）和热传导性能降低，使氢气温度和发电机温度升高。此外，氢气纯度降低，还会使其密度增加，导致通风损耗成正比增加。当氢气压力不变时，氢气纯度每降低 1%，通风摩擦损耗约增加 11%。因此，当氢气纯度不符合要求时应进行"排污"，并补充新鲜氢气。

(2) 氢气湿度监督。氢气湿度大对定子绝缘有明显的影响，同时，相对湿度越高，使机内部表面更容易结露。也有研究表明相对湿度大的氢可引起应力腐蚀导致护环开裂。为此，电力部 1996 年制订的控制标准规定：①制氢站出口氢气湿度：对 300MW、600MW 及新建 200MW 发电机，在常压下，露点≤−50℃；对已投产的 200MW 发电机，常压下，露点≤−25℃；②发电机内氢气湿度：对 300MW、600MW 及新建 200MW 发电机，露点≤−5℃同时又不低于−25℃；对已投产的 200MW 发电机，露点≤0℃。

（3）氢气压力监督。随着氢气压力的提高，氢气的传热能力增强，对直接氢冷的发电机来说，负荷值可增大。但对于定子绕组水冷、转子绕组氢冷的发电机来说，氢气压力的升高，不影响水冷式定子绕组的散热能力。为了保证发电机绕组温度不超限，所以对此类发电机，在氢压高于额定值时，不得增加负荷。

当氢压降低时，氢气的传热能力降低，负荷允许值减少，所以当氢压低于额定值时，则应根据用氢气冷却的有效部分（转子绕组、铁芯）的温升条件，相应降低发电机的负荷。

（4）水冷发电机的水质监督。水内冷发电机对冷却水质要求比较严格。由于水不断地在铜质线棒中循环，水中铜离子增加，导电度增大，因此每天应对冷却水进行化验分析，确定冷却水的电导率及所含杂质的种类和含量，并进行适当的排污。

在水内冷定子水系统中，为防止大型高电压定子空心导线结垢堵塞，必须控制铜的氧化与沉淀。可将定子水箱密封，并加压充氮或氢，以减少水中的溶解氧和 CO_2。同时增设旁路式离子交换器维持水的低导电率，以降低泄漏电流，从而减缓 CuO 的沉淀。对进入定子绕组的水质指标，一般规定电导率≤$2\mu S/cm$（20℃），pH 值为 7～8，硬度≤$5\mu mol/L$。

在水内冷转子的水系统中，转子绕组由于出水限于现有结构状况，无法与空气隔离，因此在运行中受溶解氧、CO_2 及 Ca 离子的作用，水质逐步恶化。一般可定期换水或连续排放并补充，或加缓蚀剂以改善水质。由于转子励磁电压低，泄漏电流小，且转子空心铜线通水截面较大，故对转子水质的要求略低一些，即电导率≤$3\mu S/cm$（20℃）。

（5）水内冷发电机定子绕组进水量、进水温度变化的监督。水氢氢冷却方式汽轮发电机，采用除盐水冷却定子线棒。国产 300MW 发电机，定子绕组冷却水流量限额为 46t/h。当冷却水流量在额定值的±10%范围内变化时，对定子绕组的温度影响很小。冷却水流量增加过多时，会导致入口压力过分增大，在有汇水母管流向线棒绝缘引水管的过渡部位时，可能产生汽蚀现象，损坏水管壁，所以通常不建议提高冷却水流量。

冷却水流量的降低将使发电机的散热效果变差而造成定子绕组温度的升高。同时，流量的降低会使绕组入口和出口水温差增大，绕组出口水温升高，造成绕组不同部位的温升极不均匀。一般采取绕组进出口的水温差不超过 30～35℃，以防止当入口水温达到 45℃时，出口水温相当于 80%，避免出口处发生汽化。

由上述可知，采用调节定子绕组冷却水流量来保持定子绕组的水温是不适当的。正常运行中，发电机冷却水的进水阀是不作调节的。一旦发现冷却水流量减少，必须立即对有关温度进行检查，并控制在允许范围之内，同时通知有关部门进行针对性的检查和处理。

内冷水的出水温度限值规定为不超过 85℃（有的定为 90℃），以防止汽化现象。

内冷水的进水温度限值规定为不超过 60%。当绕组进水温度在额定值（多为 45～46℃）的±5℃以内变化时，发电机可保持额定出力不变。当入口水温超过规定范围上限时，应根据当时的运行工况，减少发电机的有功或无功负荷，使电机各部分温度在允许的限额之内。

冷却水入口水温也不允许低于制造厂家的规定值，以防止定子绕组和铁芯的温差过大或可能引起汇水母管表面的结露现象。

课题三　单元机组的调峰运行

了解单元机组调峰运行的方式和特点以及对机组的影响。

近年来，电网容量的迅速增长，电网组成结构和用电结构的显著变化，电网负荷峰谷差呈不断增大的趋势，使电力系统面临着电网峰谷差偏大、调峰能力不足的矛盾。因此，大型火电机组参与电网调峰运行早已迫在眉睫。

一、单元机组调峰运行的方式

大容量单元机组效率高，经济性好，主要承担基本负荷。但随着电力系统的发展，要求大机组也要逐渐担负起调峰的任务。大容量单元机组的调峰主要有三种方式：

（1）变负荷调峰运行方式。即通过改变机组负荷来适应电网负荷变化的运行方式。

（2）两班制运行方式，指通过启停部分机组来进行电网调峰，即在电网低谷时间将部分机组停运，在次日电网高峰负荷到来之前再投入运行。

（3）少汽无负荷运行方式。即在电网低谷时间将机组减负荷到零，不从电网解列，保持发电机带无功运行，可发出或吸收无功电力并可调节系统电压，并为冷却鼓风摩擦热量，向汽轮机供少量低参数蒸汽；到电网负荷升起时转为发电机方式，接带有功负荷运行。

在两班制运行过程中，汽包热应力大和热启动时的冷冲击造成低周疲劳现象是不可避免的，对锅炉汽包和汽轮机转子会造成较大的寿命损耗。对于200MW以上的机组，热态起动时间较长，一般不采用两班制运行方式；采用少汽无负荷运行方式的机组煤耗率、热耗率较大，且需要连续不断地监视机组的状态，防止转速进入临界转速范围，一般使用也较少；目前，大容量单元机组一般采用变负荷调峰运行方式。

二、变负荷调峰运行

变负荷调峰运行方式，又称为旋转调峰运行方式或负荷跟踪运行方式，也有人称为负荷平带。变负荷调峰就是在电网高峰负荷时间，机组在额定负荷或可能达到的最高负荷下运行；在电网的低谷负荷时间，机组在较低的负荷下运行；当电网负荷变化时，还要以较快的速度来升降负荷。

单元机组的运行目前有两种基本形式，即定压运行（或称等压运行）和变压运行（或称滑压运行）。定压运行是指汽轮机在不同工况运行时，依靠调节汽轮机调节汽门的开度来改变机组的功率，而汽轮机前的主蒸汽压力维持不变。定压运行适用于70%~80%额定出力以上机组，因其较高的循环热效率而具有明显的经济性。采用此方法跟踪负荷调峰时，在汽轮机内将产生较大的温度变化，且低负荷时主蒸汽的节流损失很大，机组的热效率下降。因此国内、外新装大机组一般不采用此方法调峰，而是采用变压运行方式。

变压运行又称滑压运行，即机组改变负荷时，主汽压力不固定，汽轮机调速汽阀全开或部分全开，锅炉的燃料量与给水量随负荷而调节，功率改变凭借主汽压力的变化来调节（即主汽压力下降，负荷降低；主汽压力上升，负荷增加）。由于这种带负荷运行方式，汽轮机前的主蒸汽压力随负荷的不同而改变，故称这种运行方式为变压运行方式。

（一）变压运行的分类

1. 纯变压运行

在整个负荷变化范围内，调节汽阀全开，有的机组设计成没有调节级，直接在汽缸上铸出全周进汽室，单纯依靠锅炉侧调节主蒸汽压力来调整负荷。这种方式在调节时存在很大的时滞，对电网负荷的突然变化适应性差，因而不能满足电网一次调频的需要。

2. 节流变压运行

为弥补纯变压运行负荷调整慢的缺点，采用正常情况下调节汽阀不完全开的方法，对主蒸汽保持5%～15%的节流作用，以备电网负荷突然增加时开启，利用锅炉的蓄热量暂时满足负荷增加的需要，待锅炉蒸发量增加，汽压升高后，调速汽门再关小到原位。这种方式称为节流变压运行。

3. 复合变压运行

复合变压运行在实际应用中可有三种方式。

（1）低负荷时变压运行，高负荷时定压运行。一般在低于85%～90%额定负荷时定压运行。这种方式既具有低负荷时变压运行的优点，又保证了单元机组在高负荷时的调频能力。

（2）高负荷时变压运行，低负荷时定压运行。这种方式使机组在低负荷时保持一定的主蒸汽压力，从而可保证机组有较高的循环效率和安全性。

（3）高负荷和极低负荷时定压运行，在其他负荷区变压运行。这是目前单元机组采用比较广泛的一种复合变压运行方式，该方式兼有前两种复合运行方式的特点。

（二）变压运行的特点

1. 变压运行的优点

（1）汽轮机的相对内效率较高。变压运行时，主汽压力随负荷减少而降低，调节汽阀的开度基本不变，负荷变化时汽轮机的蒸汽流量变化不大，因而减少了蒸汽的节流损失，改善了高压缸蒸汽流动情况，使汽轮机的相对内效率高于定压运行的水平。国外对调峰机组所做的调查表明，在25%MCR运行时，变压运行的汽轮机热耗比定压运行约低2.4%。

（2）减小了汽轮机高温部分的热应力。变压运行时，主汽压力随负荷减少而降低，主汽温度保持不变。由于调节汽阀节流作用的减小和各级焓降的重新分配，汽轮机高温部分金属温度变化小，因而热应力减小，寿命损耗降低，提高了汽轮机的负荷适应能力。

（3）改善了低负荷时中、低压缸的工作条件。变压运行时，由于主蒸汽温度保持不变，高压缸的排汽温度近乎不变，在降负荷时，锅炉也可能维持额定的再热汽温。再热汽温的稳定和末级温度的降低，改善了中、低压缸的工作条件。

变压运行时的汽温特性曲线如图2-4所示。

（4）可降低给水泵能耗。变压运行中负荷的调节是通过蒸汽压力的改变来实现的。可采用变速给水泵调节给水流量，这样减少了给水调节阀节流损失，降低了给水泵能耗。

（5）可缩短再启动时间。低负荷时变压运行的汽轮机金属温度基本不变，所以汽缸能保

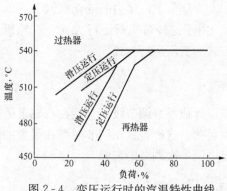

图 2-4 变压运行时的汽温特性曲线

持在高温下停用，缩短了再启动的时间。

2. 变压运行的缺点

（1）负荷变动时汽包和水冷壁联箱等处产生的附加应力限制了变负荷速度。变压运行时，锅炉汽包内的蒸汽压力随负荷的变化而升降，汽包压力下的饱和温度也随之变化，其允许的变化速率是限制负荷变化速率的一个重要因素。例如 16MPa 的亚临界压力锅炉，汽包压力约为 17MPa，相应的饱和温度为 352℃，若锅炉从 80% 负荷开始变压运行到 50% 负荷（复合变压运行），汽包压力降到 11MPa

时，相应的饱和温度为 318℃，比原先下降 34℃。若负荷变动率为 3%/min，则整个负荷变化过程仅为 10min。10min 内汽包温度变化 34℃，即 204℃/h，远远超过一般允许的 90℃/h（1.5℃/min）。

汽包内水汽温度变化不仅会引起汽包内、外壁温差，而且由于水的放热系数比汽的放热系数大得多，在 300~350℃ 范围内，前者比后者大 3~7 倍，所以当汽包内的水汽温度随负荷而变化时，汽包上、下部分的金属壁温度变化速度不同，形成上、下壁温差，在壁厚较大和循环较差的封头部位尤其突出。原电力工业部颁发的《电力工业技术管理法规》（试行）规定：汽包上、下壁温差不超过 40℃。现场证明，汽包上、下壁温差是限制机组负荷变动速率的关键。国产 125MW 机组的变负荷速率定为升负荷率为 2%/min，降负荷率为 1%/min，且都是按汽包上、下壁温差不超过 40℃ 而定的。因此，设法降低汽包上下壁温差是提高变压运行负荷变化率的主要途径。

（2）机组的循环热效率随负荷下降而下降。由于主汽压力随负荷的降低而降低，因此，朗肯循环效率也随负荷下降而下降，在低于一定压力后，下降幅度更加显著。

（三）变压运行对机组的影响

1. 对汽包锅炉运行的影响

（1）对燃烧稳定性的影响。变压运行在低负荷时，对锅炉燃烧的稳定性是重大的考验。锅炉燃烧稳定性与炉膛形式、燃烧器结构、炉膛热负荷、煤种以及磨煤机性能等有关，所能达到的最低负荷值很不一致。我国发电用煤种类多而杂、煤质不稳定、灰分多、热值低、"四块"（大块煤、铁煤矿、石块和木块）多，给锅炉燃烧带来很多困难。大部分锅炉燃煤最低稳定负荷为 60%~65% 额定出力，但从 20 世纪 80 年代初，研究和采用了各种形式的预燃室和稳燃器以来，不投油助燃的锅炉最低稳定负荷已降到 50%。特别是近年来国内外已研制一些新型燃烧器。这些燃烧器的共同特点是提高点火区的煤粉浓度。例如美国 CE 技术的 WR 燃烧器的锅炉，其最低负荷为 30% 额定负荷。在低负荷运行中也可采用降低一次风速（不堵粉的情况下）、投用下层喷嘴、停用上层喷嘴、适当提高煤粉浓度等方法，使低负荷时维持稳定燃烧。

（2）对水动力工况安全性的影响。低负荷时由于炉内火焰充满程度差，易造成炉膛热负荷不均匀。对于自然循环汽包锅炉，水冷壁各循环回路以及相邻管子间因汽水流量分配偏差增大而使循环速度偏差也增大，有造成水循环停滞和倒流的可能。所以，在确定低负荷界限时，如燃烧方面的限制能解决的话，则要验算水动力工况的安全性，必要时还需进行这方面的试验工作。一般大容量锅炉在50％额定负荷以上时，其水循环是正常的。

(3) 对过热汽温变化的趋势及喷水量的影响。变压运行条件下，由于过热汽焓、锅炉汽包饱和蒸汽焓以及给水焓的变化，使过热热占一次总吸热的比例改变，而过热器受热面占一次汽总吸热面的比例未变，加之过热器受热面一般偏于对流型，随负荷降低，受热面的吸热量亦跟随下降。上述影响的综合作用结果，决定着过热汽温的变化趋势。根据对亚临界压力机组（采用双烟道型即再热器烟道与过热器烟道平行布置的调温方式）定压与变压运行时过热器喷水量变化的计算结果，低负荷时，锅炉过热汽温有上升趋势，喷水量虽在低负荷时较之100％负荷时减少，但相同负荷情况下，变压运行时的喷水量仍大于定压运行时的喷水量。

(4) 再热汽温变化的影响。变压运行时，汽轮机高压缸排汽温度基本保持不变，再热器进口汽温比定压时高，于是再热器所需吸热量变小，而且再热器吸热量在锅炉总吸热量中所占份额也随负荷的下降而下降，所以与定压运行时的情况不同，此时再热器的吸热可能增多。这时要注意的是再热汽温能否调下来，需采用事故喷水等辅助手段。

(5) 对汽水工况的影响。变压运行时，随着蒸汽压力的降低，饱和蒸汽比体积增大，汽包内旋风分离器的蒸汽流速随之升高，而压力降低伴随着负荷的下降，这一因素又使旋风分离器中蒸汽流速降低，因此总体来说，旋风分离器的工况不会恶化。

(6) 其他问题。除了上述主要的影响因素外，有些锅炉还有着其他的限制因素：低负荷时，空气预热器容易堵灰、腐蚀；有些锅炉由于低负荷时热偏差过大而使个别过热器、再热器管壁超温（由于蒸汽压力降低，蒸汽放热系数减小，会使管壁超温）；有的锅炉由于蒸汽温度具有随负荷下降而下降的特性而使锅炉不宜低负荷运行；还有的锅炉由于给水泵为定速驱动，低负荷时调节阀门关闭过小，吹损严重，甚至最后全部关死时，其流量仍超过锅炉低负荷的需要量。此外，磨煤机低负荷运行时，还应考虑一次风管内风粉混合物的流速是否会小于15~20m/s等问题。

2. 对直流锅炉运行的影响

对于一次垂直上升直流锅炉，由于蒸发管部分有中间混合联箱，对承担中间负荷有一定困难，因为变压运行中，压力变化不仅会对相变点附近的比热容、比体积有影响，而且当压力变化到亚临界压力时，还会引起水动力不稳、中间混合联箱的汽水分配工况不均，造成较大的水力偏差以及蒸发管的热偏差。据对某 UP 型 1000t/h 直流炉的测试，在不投高压加热器时，新汽压力只在 16~12MPa 范围内变压运行（对应 75％~50％ 锅炉额定蒸发量），如果投用高压加热器，负荷将只能在 75％~60％ 额定负荷的范围内滑压，可见滑压范围很小。

为了适应燃煤品质日益下降、煤种多变的情况以及满足电网调峰的要求，国外锅炉制造厂商普遍采用螺旋上升和垂直上升结合的水冷壁管圈直流炉，其下辐射区采用螺旋上升管圈，上辐射区采用垂直一次上升管屏，中间采用分叉连接，取消中间联箱。这种锅炉可以在100％~25％负荷范围内变压运行。由于低负荷时，工作压力降低，可以降低厂用电，而且在结构上，其水冷壁内径可以较大，可不使用内螺纹管。

对于采用螺旋管与一次上升管结合的超临界锅炉，因为螺旋管各管吸热是均匀的，没有中间联箱而不存在变压运行中汽水分配不均的问题，螺旋管圈的水冷壁无论从超临界的单相流体到亚临界的双相流体，其管内流动均是稳定的，热偏差小。

3. 变压运行对汽轮机的影响

变压运行时, 主蒸汽、再热蒸汽温度均能维持额定值, 使汽轮机各级金属温度几乎不变, 无附加热应力。低负荷时汽缸温度、排汽温度、本体膨胀、胀差和振动等都变化不大。由于变压运行时主汽温度和再热汽温比定压运行时要高, 加之调节阀无节流损失, 汽轮机内效率高且能改善汽轮机运行工况条件。

由于汽轮机容积流量和各级温度基本上不变, 汽轮机级效率将有所提高, 但机组的焓降是变化的。

如果给水泵采用变速运行, 特别是采用专用小汽轮机带动给水泵, 约为定压调节时所需耗功的 50%~60%, 变压运行的经济性十分明显。

根据某台超临界 300MW 机组的变压运行试验结果, 混合变压运行无论在经济方面还是在安全性方面, 均优于定压运行方式。

在变压运行中, 仍需注意以下几个问题:

(1) 低负荷时排汽温度将升高, 如升高值过大而采用喷水减温时, 要注意可能因雾化不佳、喷水位置不当而造成低压缸叶片受侵蚀。

(2) 负荷很低时, 低压转子流量小, 将产生较大的负反动度, 造成蒸汽回流、效率降低和叶片根部冲蚀, 甚至还有可能引起不稳定的漩涡, 使叶片承受不稳定的激振力的颤振。

(3) 锅炉在低负荷时, 有可能使主汽温与再热汽温的偏差增大。对于高、中压缸合缸的机组, 高、中压缸两个汽口相邻处的温度梯度过大将产生较大的热应力。

(4) 低负荷时给水加热器疏水压差很小, 容易发生疏水不畅和汽蚀, 因此要备有正确的检测手段和相应的保护措施。

(5) 降负荷运行的机组给水泵经常需要在低流量工况下运行, 容易产生汽蚀和压力脉动, 引起泵体和管路振动; 同时给水泵热应力的变化也将导致寿命损耗、汽蚀损伤加快。

(6) 长时期低负荷运行会加重汽轮机低压缸的酸性腐蚀、凝汽器铜管的氨腐蚀; 凝汽器真空降低和除氧器运行不正常会造成运行阶段的氧腐蚀; 对于亚临界机组, 还需重视调峰过程中的磷酸盐隐藏现象。

三、单元机组带厂用电运行

并列运行的单元机组, 因外部电网事故甩负荷, 或为了参加调峰承担中间负荷, 或采用两班制运行方式, 有时只须承带供本机组辅机用的厂用电, 称为带厂用电运行。

带厂用电运行的方式有快速断复法 (机组解列后, 自动切换到带厂用电运行, 并控制所有输入量以适应新工况, 电网事故消除后, 再重新并网并迅速恢复正常运行) 和剩余蒸汽旁路带厂用电运行等方式。采用此方式的优点是恢复正常运行时可极大地缩短启动时间且无需电网反送启动用电。

由于锅炉的最低稳定燃烧负荷蒸发量大于汽轮机的空载耗汽量, 所以机组带厂用电运行时需要解决剩余蒸汽、再热器保护和燃烧问题, 旁路系统容量也须满足要求。

四、除氧器的变压运行

除氧器的变压运行是指其工作压力随主机负荷变动而变化的运行方式。它是高参数、大容量机组 (尤其是变压运行机组) 提高热经济性的措施之一。

由于不必维持除氧器内工作压力的稳定, 故可取消定压运行时的除氧器压力调节阀, 低负荷时也无须切换至高一级抽汽。这不仅简化了系统, 而且避免了节流, 提高了经济性。

但除氧器的变压运行若无必要的保证措施，则在变工况条件下，要么除氧效果恶化，要么给泵汽蚀，危及机组的安全运行。究其根源就在于除氧器内压力与工质温度的变化速度不一致，工质压力变化快，而工质温度变化慢，这一差异在工况变化剧烈时尤为突出。当负荷骤然增加时，水温的升高远远落后于压力的上升，致使除氧器内饱和水瞬间变化成不饱和水，原已逸出的溶解氧就会重新溶于水中，出现"返氧"现象。当机组负荷骤降时，水温的降低又远远滞后于压力的下降，致使除氧器内的水发生急剧的"闪蒸"，除氧效果虽佳，但进入给水泵的水温不能及时降低而泵入口压力已下降，若泵入口压力低于泵入口水温所对应的饱和温度，将会出现水在给水泵内汽化的危险。

突然升负荷时除氧效果的恶化，可以通过投入加装在给水箱内的再热沸腾管或内置加热器来解决。突然甩负荷时，为防止给水泵汽蚀，则要在给水除氧系统上采取措施加以解决，如适当提高除氧器的安装高度、增大除氧器水箱容积、降低除氧器的设计压力以及增加低压加热器及相连管路的水容积以减缓甩负荷时进入除氧器的水温变化，都可使除氧器降压减慢。此外，甩负荷时可投主备用汽源以阻止除氧器压力下降，也可在给水泵入口注入冷水或采用其他办法加速泵入口水温下降。

需要注意的是除氧器的滑压运行、两班制运行和大幅度改变负荷都会使除氧器壳体产生内外壁温差和热应力。在启停和负荷波动过程中，除氧器壳体和水箱都将承受交变应力，这种交变应力在腐蚀介质的作用下将会产生腐蚀疲劳，从而造成除氧器和水箱的寿命损耗。

五、切除部分高压加热器时汽轮机的运行

由于高压加热器故障或为了增加机组出力以满足调峰的需要，汽轮机有时不得不在切除部分或整个高压加热器组的工况下运行。

汽轮机在切除高压加热器的条件下运行，会导致机组运行经济性的严重恶化，其中以切除高压加热器组为最甚。当切除高压加热器组或切除高位加热器（按给水流程的最后一个加热器）时，给水温度急剧降低，因此，增加了燃料消耗量。这项所增加的燃烧量消耗并不能为锅炉设备由于排烟温度降低而提高的效率所补偿。

当切除高位加热器而汽轮机主汽流量不变时，低位抽汽的压力略有升高，这些加热器的出口水温也随之上升（定压运行的除氧器是例外）。

当切除中间的加热器而高位加热器投用时，给水温度不变或变化较少，此时经济性的变坏是由于降低了蒸汽动力循环的完善程度，因为被切除的加热器的热负荷，按着水的流程，将由下一个加热器承担。在回热系统中，高位能蒸汽的抽汽量增加，高位加热器的过负荷，本身也导致加热器端差的增加。此外，切除高压加热器亦引起汽轮机分段热降的再分配，以及由此所造成的汽轮机相对内效率的降低。

在研究切除加热器所引起的问题时，应特别注意汽轮机通流部分的强度、汽轮机级组通流量和焓降的变化以及再热系统的工况变化。当全部蒸汽量流经汽轮机时，不可避免地要引起部分级的过负荷。在这种情况下，处于最不利工作条件的是凝汽式机组的最末级。

此外，过负荷还将影响被切除的加热器所使用抽汽的汽轮机级后的隔板。

由上述讨论可知，为了减少机组的运行工况产生急剧的变动，应尽量避免高压加热器组整组地切除，尤其是应尽可能保持高位高压加热器的运行。此外，要注意对机组进行强度核算，必要时，采取限制负荷的措施。

课题四 单元机组的经济运行

教学目的

了解单元机组的经济指标

一、单元机组的经济指标

1. 单元机组的运行经济状况

单元机组的运行经济状况主要取决于其燃料和厂用电量的消耗情况。因此，单元机组的主经济指标是发电标准煤耗率和厂用电率。

(1) 发电标准煤耗率。发电标准煤耗率计算式为

$$b_s = \frac{B \times 10^6}{W} \times \frac{Q_{net}^r}{29270}$$

式中 b_s——标准煤耗率，g/（kW·h）；

B——锅炉燃料消耗量，t；

W——机组发电量，kW·h；

Q_{net}^r——煤的低位发热量，kJ/kg；

29270——标准煤发热量，kJ/kg。

发电量扣除厂用电量称为供电量，发电煤耗量与供电量之比，称为供电煤耗率。

(2) 厂用电率。厂用电指发电厂厂用负荷耗用的电量（或功率），它包括电力生产过程中电动机、照明、采暖通风以及其他控制、保护装置等所耗用的电量（或功率），是电力生产过程中所必需的。通常，将发电厂电力生产过程中必需的自用电量（或功率）占电厂发电量（或发电功率）的百分比，称为厂用电率。厂用电率是发电厂的主要技术经济指标之一。燃煤电厂的厂用电率一般为6%～8%。

厂用电率计算式为

$$\xi = \frac{P_P}{P} \times 100\%$$

式中 P_P——单元机组的自用功率，kW；

P——单元机组的发电功率，kW。

运行人员的调整、运行方式的选择对这两项指标有较大影响。据统计：2004 年，我国燃煤发电机组的供电标准煤耗为 379g/（kW·h），其中 300MW 机组的平均供电煤耗为 364g/(kW·h)，厂用电率为 5.54%；600MW 机组的平均供电煤耗为 350g/（kW·h），厂用电率为 6.1%。

2. 技术经济小指标

(1) 锅炉效率：锅炉效率每提高 1%，将使整个发电机组效率提高 0.3%～0.4%，标准煤耗下降 3~4g/（kW·h）。

(2) 主汽压力：在额定负荷时保持主蒸汽温度不变，主蒸汽压力升高 3%，机组热耗率降低约 0.21%～0.22%。

（3）主汽温度：若主蒸汽压力不变，主蒸汽温度较额定值提高 5℃，机组热耗率降低 0.17%～0.18%。

（4）凝汽器真空度：凝汽器真空的变化对汽轮机运行经济性影响很大，维持较高的凝汽器真空可以使蒸汽中热能更多地转变为机械功。通常排汽压力变化±1kPa，将引起汽轮机的热耗率变化 0.7%～0.8%。凝汽器的真空并不是愈高愈好，它有一个最有利真空。所谓最有利真空，就是提高真空使汽轮机增加的功率与循环水泵多消耗的功率之差为最大时的真空。汽轮机在此真空下运行，经济收益最大。不同凝汽负荷和冷却水温度，最有利真空不同。

（5）凝汽器端差：排汽温度与冷却水出口的温度差称为凝汽器端差。对已有的凝汽器，在负荷和冷却水量一定的条件下，端差增大，往往是由于凝汽器管束内表面污脏和汽侧积存过量空气所致。端差大使真空恶化，降低了机组的经济性。

（6）凝结水过冷度：凝结水温度低于汽轮机排汽压力下的饱和温度的度数称为凝结水过冷度。凝结水过冷度大，意味着被循环水带走的热量增加，循环热效率降低，系统的热经济性下降。另外凝结水过冷，会使水中含氧量增加，引起管道腐蚀。对于近代具有给水回热加热的大功率机组，凝结水过冷 1℃，煤耗增加 0.1%～0.15%。大功率机组多采用回热式热井，凝结水过冷度一般为 0.5～1℃。产生凝结水过冷却的原因通常是：①凝汽器水位过高，淹没了下层管束；②真空系统不严密，漏入的空气量过大，或抽气设备工作不良；③凝汽器管束排列不当。

（7）给水温度：锅炉的给水是由除氧器经过给水泵、高压加热器送来的，当高压加热器的运行情况改变时，将使给水温度发生变化。如高压加热器因故解列，给水温度降低，会使排烟温度降低，锅炉效率提高。但是，为维持一定的蒸发量，就必须增加燃料量，这又会使各部烟温升高，甚至受热面发生结渣粘污，使电厂经济性降低。给水温度每降低 10℃，煤耗约增加 0.5%。

（8）厂用辅机用电单耗：辅机运行方式合理与否对机组的厂用电率、供电煤耗影响很大。各辅机启停应在满足机组启停、工况变化前提下进行经济调度。

二、提高单元机组的经济性的主要措施

提高单元机组运行的经济性主要应从以下四个方面着手。

（1）提高循环热效率。提高循环热效率对提高单元机组运行的经济性有很大的影响，具体措施有：①维持额定的蒸汽参数；②保持凝汽器的最佳真空；③充分利用回热加热设备，提高给水温度。

（2）维持各主要设备的经济运行。锅炉的经济运行，应注意以下几方面：①选择合理的送风量，减少漏风，维持最佳过剩空气系数；②选择合理的煤粉细度，即经济细度，使各项损失之和最小；③合理的一、二、三次风的配比，调整燃烧，减少不完全燃烧损失；④保持锅炉受热面的清洁度；汽轮机的经济运行，除与循环效率有关的一些主要措施外，还应注意以下几方面：①经济分配负荷，尽量使汽轮机进汽调节阀处于全开状态，以减少节流损失；②保持汽轮机通流部分的清洁；③尽量回收各项疏水，减少机组的热损失和汽水损失；④减少凝结水的过冷度；⑤保持轴封系统工作良好，避免轴封漏汽量增加。

（3）降低厂用电率。发电厂在生产过程中要消耗一部分厂用电，用以驱动辅机和用于照明。对燃煤电厂来说，给水泵、循环水泵、引风机、送风机和制粉系统所消耗的电量占厂用电的比例很大。如中压电厂给水泵耗电占厂用电的 14%左右,高压电厂给水泵耗电则占厂用电的 40%左右,超临界电厂如果全部使用电动给水泵,其耗电量可占厂用电的 50%,所以降低这些电力负荷的用电量对降低厂用电率效果最明显。

对于给水泵和循环水泵,可采取如下措施来降低厂用电量:①给水泵。通过变化转速调节给水量以减少节流损失;改善管路布置经减少阻力;在保证负荷前提下,使运行给水泵满载,减少给水运行台数等。②循环水泵。减少管道阻力损失;排除水室内空气,以维持稳定的循环水虹吸作用;保证经济真空条件下,减少循环水流量和循环水泵运行台数。

(4)提高自动装置的投入率。自动装置调节动作较快,容易使各级设备和运行参数维护在最佳值,自动装置投入可提高锅炉效率,降低蒸汽参数波动,提高循环效率,机组热耗下降,并可以降低辅机电耗率。

(5)提高单元机组运行的系统严密性。单元机组对系统进行性能试验而严格隔离时,不明泄漏量应小于满负荷试验主蒸汽流量的 0.1%。通常主蒸汽疏水、高压加热器的事故疏水、除氧器溢流系统、低压加热器事故疏水、省煤器或分离器放水门、过热器疏水和大气式扩容器、锅炉蒸汽或水吹灰系统等都是内漏多发部门。由于系统严密性差引起补充水率每增加 1%,单元机组供电煤耗增加 2~3g/(kW·h)。

<h2 style="text-align:center">小　　结</h2>

单元机组是炉、机、电纵向串联构成的一个不可分割的整体,炉、机、电的运行维护与调整相互联系又各有侧重。安全、经济运行是运行调整的最终目的。当电网富裕容量增加后,为适应系统调峰,单元机组的变压运行也越来越被采纳。

<h2 style="text-align:center">习　　题</h2>

1. 单元机组主要监视的参数有哪些?
2. 影响锅炉水位、燃烧的主要因素有哪些,如何进行调整?
3. 影响主蒸汽压力、温度的主要因素有哪些,如何进行调整?
4. 什么是变压运行,变压运行有何特点?
5. 变压运行对单元机组有哪些影响?
6. 单元机组的经济指标有哪些?

<h2 style="text-align:center">上 机 操 作</h2>

1. 机组运行时,当负荷变化时,对锅炉水位、燃料量的调整操作。
2. 负荷变化时,锅炉汽压汽温、凝汽器真空调整操作。

单元机组的控制与保护

内容提要

从单元机组分散控制系统、单元机组的负荷调节方式、单元机组负荷调节系统以及运行方式的控制等方面，对汽轮机数字电液系统、燃烧管理系统、机组旁路系统等从操作的角度进行描述。对于单元机组的主要保护进行分析。

在生产和科学技术的发展过程中，自动控制起着非常重要的作用。自动控制的含义是十分广泛的，任何正在运行中的设备和正在进行中的过程，在没有人干预的情况下能自动达到预期效果的一切技术手段都称为自动控制。

火力发电厂的生产过程十分复杂，除了主机（锅炉、汽轮机、发电机）以外，还有许多辅助设备，如除氧器、凝汽器、给水泵、循环水泵、加热器、减温减压器、磨煤机、给煤机、化学水处理及除灰设备等。它们之间的工艺过程有着密切的关系，缺一不可。这样，自动控制系统的组成也就相当复杂，需要将计算机技术引入自动控制系统。目前我国计算机在发电厂中的应用已接近世界先进国家水平，不但实现了开环监视与闭环控制相结合，而且采用了代表世界先进潮流的分散控制系统（DCS）。

分散控制系统（DCS），是以微处理机为核心，采用数据通信技术和 CRT 显示技术的新型计算机控制系统。分散控制系统以多台（从数台到数百台）微处理机分散在生产现场的形式，对于生产过程进行调节与控制，避免了计算机控制高度集中的危险性和常规仪表控制功能单一的局限性。数据通信技术和 CRT 显示技术以及其他外部设备的应用，能够方便地集中操作、显示和报警，克服了常规仪表控制过分分散和人机联系困难的缺点。

为了满足单元机组的整体控制的要求，以功能组合的微机群为基础，且通过通信网络和信息交换技术建立的分散控制系统至少应该具有以下功能：

（1）数据采集；

（2）闭环数字式控制；

（3）自动顺序控制；

（4）自动保护连锁和报警；

（5）机组监视；

（6）机组自动启动和停止；

（7）数据通信。

分散控制系统主要由以下几部分组成：

（1）闭环数字调节系统，包括机组协调控制系统（CCS）、局部控制系统、给水调节系统、过热器及再热器出口汽温控制系统、旁路控制系统。

（2）燃烧器管理（BMS 或 FSSS）系统，包括磨煤机控制系统、燃烧器控制系统、锅炉风门风量控制系统。

（3）汽轮机数字电液调节系统（DEH）。

（4）顺序控制（SCS）系统，包括锅炉烟风系统、化学水处理系统、燃油系统、辅汽系统、汽水系统、凝汽器系统、汽轮机油系统、循环水系统和冷却水系统等。

（5）数据采集系统（DAS），用来收集现场过程变化信息和控制信息。

（6）数据通道（或称数据公路、数据通信网络），将分散控制系统的各个装置连接起来，实现各个装置之间的数据交换。

（7）主控室操作台和维护人员用的工程师工作站。

在分散控制系统中，人机联系手段得到了根本的改善。运行人员可以随时调用他所关心的显示画面来了解生产过程中的情况。同时，运行人员还可以通过键盘和鼠标输入各种操作命令，对生产过程进行干预。因此，对于集控运行人员来说，熟悉分散控制系统的人机界面，了解分散控制系统的基本工作方式，才能进行正确的机组运行操作。本单元在分散控制系统的基础上，介绍了单元机组热控系统和保护系统。

课题一　单元机组的负荷调节方式

教学目的

了解单元机组负荷调节方式的种类及特点。

一、单元机组负荷调节方式的种类

锅炉、汽轮机、发电机组成单元机组运行时，它们控制调节的主要内容是机组发出功率（负荷）的自动调节问题，即单元机组作为一个能量提供系统，如何适应电网负荷变化的需要。因此，单元机组负荷调节要涉及锅炉、汽轮机的调节性能。

从电网要求的角度，机组负荷调节应该快速调节，发出功率满足需要。但是从机组安全运行的角度来看，机组迅速调节发出功率，即进行负荷快速调节，应该保证机组运行稳定，就是说负荷调节速度不能太快。锅炉是一个反应很慢的调节对象，而汽轮机相对于锅炉而言是一个反应快的调节对象，因此当外界负荷需要调节系统对于汽轮机快速进行调节的时候，会引起汽轮机主汽阀前蒸汽压力发生较大的波动，影响机组稳定运行。为了协调单元机组负荷调节，负荷调节方式一般分为三种，即

（1）锅炉跟随的负荷调节方式（又可以称为炉跟机调节方式）。

（2）汽轮机跟随的负荷调节方式（又可以称为机跟炉调节方式）。

（3）机炉协调控制的负荷调节方式。

实现以上负荷调节方式的系统称为协调控制系统（CCS）。

二、单元机组负荷调节方式的特点

1. 锅炉跟随的负荷调节方式

当负荷指令改变时，首先由汽轮机控制器发出改变汽轮机调节汽阀开度的指令，汽轮机调节汽阀开度的改变使得蒸汽流量变化，机组的输出功率立即有所改变。同时，汽轮机主汽阀前蒸汽压力也迅速偏离给定值，于是锅炉控制器发出改变锅炉燃烧率指令，使得锅炉燃烧率跟随改变，最后达到输出功率与负荷指令相同，主汽阀前主汽压力与给定值相同。此方式

的特点是负荷跟踪迅速，但在较大负荷变化情况下，主蒸汽压力变化较大，使得锅炉运行调节不稳定。

2. 汽轮机跟随的负荷调节方式

当负荷指令改变时，首先由锅炉控制系统发出改变锅炉燃烧率的指令，在实际锅炉燃烧率改变引起汽轮机主汽阀前蒸汽压力改变后，再由汽轮机控制器发出改变汽轮机调节汽阀开度的指令，从而改变汽轮机调节汽阀开度。调节结束后，使得机组输出功率等于负荷指令，主汽阀前主汽压力与给定值相同。此方式使得主蒸汽压力比较稳定，有利于机组稳定运行，但是机组输出功率的变化有较大的迟延，对于负荷指令跟踪不利，不利于电网的负荷、频率的控制。

3. 机炉协调控制的负荷调节方式

控制系统把锅炉汽轮发电机组当作一个被控整体，根据电网对于机组负荷变动的要求，同时对汽轮机的调节汽阀和锅炉的燃烧率进行协调控制，使得整个机组在实发功率能够迅速跟踪负荷指令的同时，又能维持锅炉输出的蒸汽量与汽轮机需要的蒸汽量及时平衡，保持主蒸汽压力基本稳定，保证机组安全运行。

课题二　单元机组负荷控制系统

教学目的

了解单元机组负荷控制系统的组成及工作方式。

一、负荷控制系统的组成及各部分的主要功能

负荷控制系统是协调控制系统（CCS）中的一部分。

1. 负荷控制系统的组成

负荷控制系统主要由两部分组成，一个是负荷管理控制中心，又称负荷指令处理装置（LMCC）；另一个是机炉主控制器，如图 3-1 所示。

2. 负荷管理控制中心的主要功能

（1）对于机组的各种负荷请求指令（电网中心调度所负荷自动调度指令、运行操作人员设定的负荷指令）进行选择和处理。

（2）与电网频率偏差信号一起形成具有一次调频能力的机组负荷指令，该指令作为机组实发电功率的给定值信号，送入机炉主控制器。

3. 机炉主控制器的主要功能

（1）接受负荷指令、实际电功率、主蒸汽压力给定值和实际主蒸汽压力值等信号。

（2）根据机组当前的运行条件及要求，选择合适的负荷控制方式。

（3）根据机组的负荷偏差（即负荷指令与实际电功率的差）和主蒸汽压力偏差（即主蒸汽压力给定值与实际压力值的差）进行控制计算，分别产生锅炉负荷指令（锅炉主控制指令）和汽轮机负荷指令（汽轮机主控制指令），并且作为机炉协调动作的指挥信号，分别送往锅炉和汽轮机有关的子控制系统。

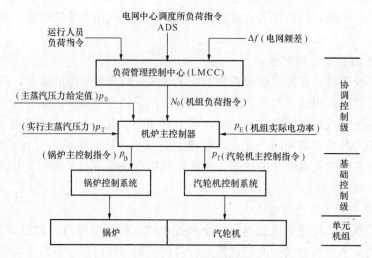

图 3-1 单元机组负荷控制系统方块图

二、协调控制系统的基本类型

根据单元机组的动态特性及其负荷控制系统的任务，协调控制系统有两种最基本的类型。

1. 以锅炉跟随为基础的协调控制系统

锅炉跟随控制方式的特点是功率改变时，功率响应迅速而汽压波动大，需要利用锅炉的蓄热量。要想改善这种控制系统的汽压变化特性，需在控制系统中增加一个非线性元件，当汽压偏差超过非线性元件的不灵敏区 β 时，汽轮机控制器发出的调节汽阀开度指令将受到限制，以避免超过锅炉汽包蓄热能力，保证锅炉运行的稳定性。

2. 以汽轮机跟随为基础的协调控制系统

汽轮机跟随控制方式的特点是功率改变时，功率响应缓慢而汽压波动小，不能充分利用锅炉的蓄热量。要想改善这种控制系统的功率响应特性，必须设法利用锅炉的蓄热量。为此，在汽轮机跟随方式的基础上，允许汽压在一定范围内波动，构成以汽轮机为基础的协调控制系统。

三、负荷管理控制中心的运行分析

负荷管理控制中心的内部负荷信号包括保持、增加、减少、闭锁、强增（RUN UP）、强减（RUN DOWN）。负荷管理控制中心通过这 6 种信号来对外部负荷指令信号以及与机组和控制系统有关的内部信号进行处理，从而完成对于整个机组的负荷控制。具体关于负荷控制的操作以河北某电厂 300MW 机组为对象，举例如下。

（一）单元负荷控制

1. 单元负荷设定

（1）自动调度系统来的指令。

（2）操作员在显示器指令画面上设定的负荷指令。

2. 负荷变化率的设定

（1）操作员在指令画面上设定的增、减负荷变化率。

（2）汽轮机数字电液调节系统（DEH）来的增、减负荷变化率。

（3）锅炉侧燃烧率决定的增、减负荷变化率的限制指令。

3. 负荷最大、最小值的设定

(1) 由负荷回路中的大值选择器来的指令设定协调控制方式下的最大值。

(2) 由负荷回路中的小值选择器来的指令设定协调控制方式下的最小值。

(3) 当发生快速减负荷（RUN BACK，简称 RB）工况时，负荷的最大值由主要辅机掉闸的情况来决定。

4. 协调控制方式下的负荷闭锁增

当运行出现以下情况时，闭锁负荷的增加（禁止增加负荷）。

(1) 负荷指令达到高限。

(2) 快速甩负荷（RUN BACK）发生。

(3) 燃料量已经达到 100％。

(4) 燃油调节阀在最大。

(5) 燃料量小于指令超过一定范围。

(6) 燃料主控站在最大。

(7) 燃料被风量限制。

(8) 送风机开度指令达到最大。

(9) 送风量小于指令值超过一定范围。

(10) 引风机开度指令达到最大。

(11) 任意一台给水泵达到最大出力，且给水流量小于指令值超过一定限值。

(12) 汽包水位小于设定值超过一定范围。

(13) 给水流量在最小。

(14) 汽轮机阀位指令达到上限。

(15) 汽轮机调节汽阀开度小于指令值超过一定范围。

(16) 主蒸汽压力小于设定值达到一定限度。

(17) 燃料量小于指令值过多。

(18) 风量小于指令值过多。

(19) 一次风机风量超过限值。

(20) 炉膛压力太低。

(21) 炉膛压力太高。

(22) 实际功率小于指令值超过一定范围。

(23) 保持负荷指令改变时。

5. 协调控制方式下的负荷闭锁降

当运行出现下列情况之一，闭锁负荷减少（禁止负荷减少）。

(1) 负荷指令低于设定低限值。

(2) 两台送风机指令值均至最小。

(3) 汽轮机阀位指令最小。

(4) 炉膛负压超过设定值过多。

(5) 炉膛负压低于设定值过多。

(6) 主汽压力大于设定值超过限制值。

(7) 燃料量小于指令值过多。

（8）燃油阀在最小。

（9）风量被燃料量限制。

（10）两台汽动给水泵指令均至最小出力。

（11）总燃料量小于最小限值。

（12）燃料主控站指令在最小。

（13）送风量大于指令值过多。

（14）汽轮机调节阀开度大于指令值过多。

（15）汽轮机调节阀开度在最小。

（16）给水流量大于指令值过多。

（17）汽包水位高于设定值过多。

（18）实际功率大于指令值过多。

（19）保持负荷指令值改变时。

（二）快速甩负荷（RUN BACK）

1. 机组主要辅机设备由于故障而引起的快速甩负荷

2. 可以引起快速甩负荷的主要辅机设备

（1）发电机-变压器组主开关和励磁开关；

（2）两台送风机；

（3）两台引风机；

（4）两台一次风机；

（5）两台汽动给水泵和一台电动给水泵；

（6）两台循环水泵；

（7）四台磨煤机（双入双出低速磨）；

（8）燃油流量控制设备。

3. 使得负荷强降（RUN DOWN）出现的条件

（1）给水泵出力在最大时，给水流量偏差过多；

（2）汽包水位偏差过多；

（3）燃料流量偏差过多；

（4）炉膛压力偏差过多；

（5）进入炉膛的空气流量偏差过多。

4. 快速甩负荷（RUN BACK）的速率限值

（1）燃料引起的 RUN BACK，其变化率为 30MW/min。

（2）一次风机引起的 RUN BACK，其变化率为 150MW/min。

（3）引风机引起的 RUN BACK，其变化率为 150MW/min。

（4）送风机引起的 RUN BACK，其变化率为 150MW/min。

（5）发电机主开关和励磁开关引起的 RUN BACK，其变化率为 45MW/min。

（6）循环水泵引起的 RUN BACK，其变化率为 150MW/min。

四、锅炉主控器操作分析

（一）锅炉主控器的具体操作功能

（1）燃料量和风量调节系统处于"自动"时，锅炉主控器可以手动控制锅炉负荷。

（2）锅炉主控器在自动方式下，手动指令无效。

（3）锅炉主控器出现故障或者不具备"手/自动"投运条件的，锅炉主控器对于机组控制无效。

（二）锅炉主控器操作

1. 手动方式

以手动操作改变输出指令，控制锅炉负荷。

2. 锅炉主控器投入自动的条件

（1）一次风调节在自动位置；

（2）二次风调节在自动位置；

（3）燃料调节在自动位置。

3. 锅炉主控器投入自动的操作

按锅炉主控器切换按钮至自动方式。

4. 燃油切手动条件

（1）输出和反馈不一致；

（2）燃油流量信号坏；

（3）子模件接口故障；

（4）送风未投自动；

（5）发生 MFT 时。

5. 燃油切手动的操作

跳闸阀开 30s 内置手动。

（三）汽轮机主控器的具体操作功能

（1）在协调控制方式下，可以接受负荷控制指令。

（2）汽轮机主控器在自动状态，而协调控制未投入时，负荷指令跟踪 DEH 指令。

（四）汽轮机主控器操作

1. 汽轮机主控器在手动方式

在该方式下，可以改变输出至 DEH 的指令。

2. 汽轮机主控器可以投入自动的条件

（1）高压旁路关闭。

（2）发电机主开关闭合。

（3）汽轮机主控器在自动位置。

（4）汽轮机数字电液调节系统允许协调控制系统控制。

课题三　单元机组的运行控制方式

教学目的

了解单元机组的各种运行控制方式和操作。

单元机组的运行控制主要体现在负荷控制系统，这里以 WDPF 分散控制系统为例进行简单介绍。负荷控制系统在显示器屏幕上有负荷运行方式（LDC）专用画面，其分区控制图如图 3-2 所示。

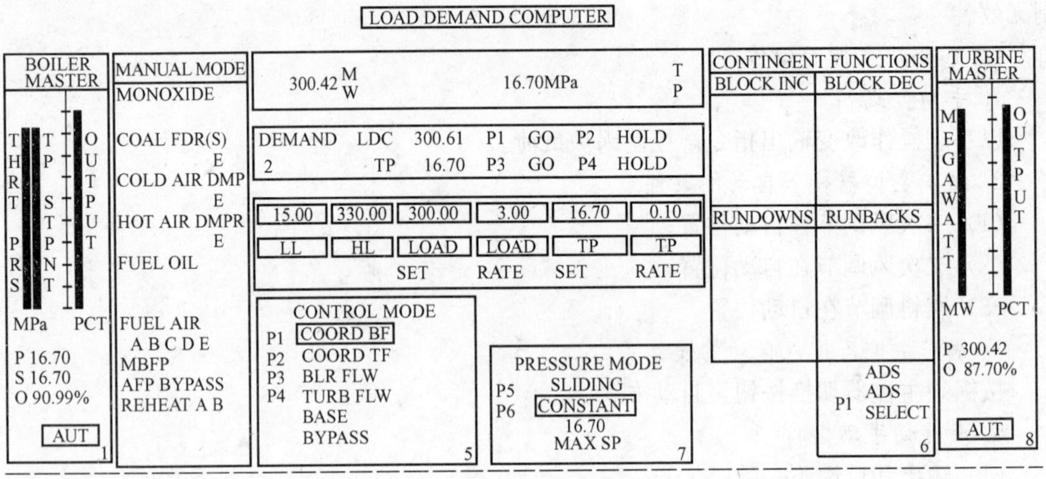

```
                        LOAD DEMAND COMPUTER

 BOILER     MANUAL MODE                              CONTINGENT FUNCTIONS  TURBINE
 MASTER                   300.42 M/W      16.70MPa  T BLOCK INC BLOCK DEC  MASTER
           MONOXIDE                                 P
 T T T O                                                                   M    O
 H T P U   COAL FDR(S)   DEMAND LDC 300.61 P1 GO P2 HOLD                   E    U
 R P S T   COLD AIR DMP  E    2    TP 16.70 P3 GO P4 HOLD                  G    T
 T S P P   HOT AIR DMPR  E                                                 A    P
   T P U   FUEL OIL      E   15.00 330.00 300.00 3.00 16.70 0.10           W    U
 P N T T              E      LL   HL  LOAD  LOAD  TP   TP  RUNDOWNS RUNBACKS A    T
 R                                    SET   RATE  SET  RATE                 T
 S                                                                         T
 MPa   PCT  FUEL AIR    CONTROL MODE                                       MW  PCT
            A B C D E   P1 COORD BF                 PRESSURE MODE
 P 16.70    MBFP        P2 COORD TF                   SLIDING         ADS  P 300.42
 S 16.70    AFP BYPASS  P3 BLR FLW       P5          CONSTANT         ADS  O 87.70%
 O 90.99%   REHEAT A B  P4 TURB FLW      P6           16.70        P1 SELECT
                           BASE                      MAX SP
   AUT   1               BYPASS        5                        7        6  AUT  8
```

图 3-2 LDC 分区布置图

在图 3-2 的中间下部有控制模式（CONTROL MODE）的图形显示，可供运行人员选择。

一、基础方式（BASE MODE）

即表示锅炉、汽轮机主控器均处于手动控制状态，汽轮机前压力由运行人员在操作器上手动保持，功率指令跟踪机组实发功率，锅炉输入指令跟踪总燃料量。锅炉的燃烧调节系统投自动，但是它处于运行人员手动控制的状态，即运行人员通过操作盘上的操作器手动调节或者通过设定器进行定值调节。机组主控系统的修正出力指令一直跟踪机组的实际出力，为切换到其他运行方式时实现无扰动切换作准备。这种运行方式用于机组的启动和停运等方式。

二、汽轮机跟随方式（TF MODE）

汽轮机跟随方式亦称为锅炉基础控制方式和锅炉主控方式，当机组带基本负荷时，可以采用这种方式。这种控制方式的机组输出功率可调，锅炉及汽轮机的自动调节系统均投入运行。这种方式的负荷跟踪性较差，适应负荷需求的速度慢，但是对于机组稳定运行有利。如果运行经验不足或者机组尚不稳定，可以采用这种方式。对于 INFI—90 系统，遇到以下情况之一，自动切换控制方式为汽轮机跟随方式：

（1）由于主、辅机故障，发生快速甩负荷（RUN BACK）。

（2）锅炉主控器处在手动状态。

（3）所有燃料控制都在手动状态。

在锅炉为基础的控制方式下，锅炉主控又分为两种，一种是锅炉主燃料手动（TF1 方式），此时锅炉主控器完全处于跟踪状态；另一种是主燃料自动（TF2 方式），由负荷指令去控制锅炉燃烧。

三、锅炉跟随方式（BF MODE）

锅炉跟随方式亦称为汽轮机基础方式和汽轮机主控方式。该方式是锅炉自动维持汽压的运行方式。使用这种方式时，单元机组处于锅炉跟随机、组功率可调节的运行状态。这种方式具有负荷适应快的优点，它可以用于机组的正常运行。机组启动时也可采用此方式，此时锅炉把主蒸汽流量作为超前信号来控制主蒸汽压力，而汽轮机控制机组出力。对于 INFI—90 系统遇到以下情况之一时，自动切换控制方式为锅炉跟随方式：

（1）汽轮机主控器在手动状态。

（2）高压旁路系统关闭。

（3）发电机主开关闭合。

（4）DEH（汽轮机数字电液调节系统）不允许投入 CCS（协调控制系统）控制。

（5）锅炉主控器在自动状态。

在汽轮机为基础的控制方式下，汽轮机主控又分为两种，一种是汽轮机主控在手动时（TF1 方式）；另一种是汽轮机主控切至自动（TF2 方式），由负荷指令去控制汽轮机的功率调节。

四、协调控制方式（CCS MODE）

这种控制方式对于外界负荷变化具有最强的适应能力，可以尽快满足电网的负荷要求，且可以保证机组本身的稳定运行。但是选用这种控制方式的前提必须是机组和控制系统均处于十分完好的状态。

1. 协调控制方式运行必须具备的条件

（1）锅炉主控器在自动方式。

（2）汽轮机主控器在自动方式。

2. 协调控制方式操作

运行人员直接在操作画面的方式选择栏中，选择协调控制方式。在 CCBF 方式下为协调控制锅炉跟随方式，此时锅炉压力调节器、汽轮机功率调节器工作，保持锅炉主汽压力、汽轮机功率在给定值。在 CCTF 方式下为协调控制汽轮机跟随方式，此时锅炉功率调节器、汽轮机压力调节器工作，保持锅炉功率、汽轮机主汽压力在给定值。

五、旁路方式（BY PASS MODE）

该方式只作为显示使用，表示旁路阀门处于开启状态。

课题四　汽轮机数字电液控制系统（DEH）

教学目的

了解汽轮机数字电液控制系统（DEH）的功能及操作方法。

一、数字电液控制系统（DEH）的功能

这里以安徽某电厂为例介绍数字电液控制系统（DEH）。DEH 装置应根据需要进行汽轮机自动控制方式（ATC）、操作员自动运行方式和手动运行方式这三种运行方式的切换。

（一）汽轮机自动控制方式

该种方式是最高级运行方式，即汽轮机数字电液控制系统根据汽轮机的高、中压转子热应力、胀差、轴向位移、振动等情况自动控制汽轮机组的升速、待速、同步、并网、升负荷及跳闸等工作，并且将有关数据、图表通过打印机和显示器告诉运行人员。

（二）操作员自动运行方式

即汽轮机数字电液控制系统在显示器上为操作员提供操作指导，但是转速的升降以及速率的变化等均由运行人员通过键盘输入汽轮机数字电液控制系统。一般在新机组第一次启动时都采用这种运行方式。

（三）手动运行方式

当控制器故障时，通过手动直接控制阀门开度，以维持汽轮机运行，因此该方式是一种备用方式。

（四）汽轮机数字电液控制系统还具有以下基本功能

1. 转速和功率控制

汽轮机组启动时，DEH 装置发出控制信号，依靠高压主汽阀中的预启阀进行升速和暖机。当 DEH 装置处于 ATC 运行方式时，根据热应力控制汽轮机的升速和暖机时间。当转速上升到约 2900r/min 时，自动进行阀门切换，高压主汽阀全开，由高压调节汽阀进行转速控制，控制机组同期并网。通过热应力计算控制升负荷率。按照一次调频和二次调频的要求，对于机组进行功率和转速的闭环调节。

2. 阀门试验和阀门管理

所有汽阀应定期作关闭、再启动的活动试验。机组可以通过 DEH 做阀门试验。另外，阀门管理也是 DEH 的一个重要功能，它可以进行以下控制：

（1）机组启动或者工况变化过程中采用单阀控制（节流调节，全周进汽），稳定工况下采用多阀顺序控制（喷嘴调节，部分进汽）。这样，前者可以减少转动与静止部分的温差，后者可以减少阀门的节流损失，改善机组的运行性能。

（2）从手动到自动控制实现无扰动切换。

（3）控制阀门最佳工作区，使阀门的行程和通过的流量成线性关系。

3. 运行参数监视

DEH 对运行参数的监视包括以下几方面：

（1）温度监视（包括轴承温度、汽室金属温度等）；

（2）转子偏心度和振动监视；

（3）轴向位移和差胀监视；

（4）对其他参数的监视，如对 EH 油系统、发电机氢系统、励磁系统、汽轮机真空和密封系统、疏水系统等的状态及有关参数的监视。

4. 超速保护

超速保护控制器的功能是当汽轮发电机组甩负荷时，直接将油动机上的油泄掉，迅速关闭高、中压调节门 GV、IV，防止汽轮发电机组超速，为汽轮机提供了动态超速保护的途径。

5. 手动控制

当自动控制器故障时，DEH 置于手动控制方式，以维持机组运行。

二、数字电液控制系统（DEH）的操作

DEH 系统的操作主要指关于控制功能的操作和试验功能的操作，而其他功能，如监视、保护、通信功能，因为运行人员操作比较少，所以这里忽略。

（一）操作员自动操作方式

操作员自动操作方式的投入条件：

（1）没有阀门限制动作；

（2）电气已并网或者转速控制回路已投入；

（3）没有负荷高限限制动作；

（4）DEH 控制方式在手动状态；

（5）高压调节汽阀和高压主汽阀均跟踪正常。

在条件均满足后，操作员按下"操作员自动"按钮，DEH 从手动转入操作员自动方式运行，切换无扰动。除了可以从手动方式切换到"操作员自动"外，在"自动同期"、"遥控"、"ATC 控制"方式下，运行人员可以通过设定转速/负荷目标值、转速/负荷变化率来自动控制汽轮机的转速升降和负荷增减。

（二）自动同期方式

在汽轮机达到额定转速后，DEH 和电气自动同步装置接口所实现的功能即自动同期方式。DEH 处于自动同期方式时，汽轮机速度控制的速度目标值由电气自动同期装置确定。DEH 精确地按照目标值控制汽轮机转速，一旦经电气自动同期装置判断符合并网条件，即将发电机油开关合闸并网。此时 DEH 回到操作员自动方式，进行负荷控制。

（三）自动汽轮机控制（ATC）

该种方式是操作员自动控制站执行由转子应力监视站和汽轮机自动控制站（ATC）来的指令，进行汽轮机全自动控制的方式。

在汽轮机启动时，由转子应力监视站根据启动曲线和汽轮机自动控制站（ATC）判断的汽轮机工况，通过数据总线向操作员自动站发出阀位限制、目标速度、升速率、阀切换等信号，操作员自动站执行并完成控制汽轮机从冲转、升速、阀切换、全速到同步并网的全过程。

在负荷控制时，操作员自动站仅受转子应力监视站和 ATC 站送来的负荷率的限制。此外，转子应力监视站和 ATC 站连续地计算和分析机组的各报警工况，通过显示器对操作员进行指示。除此之外，ATC 方式下的负荷控制与操作员自动方式下的负荷控制是相同的。

（四）遥控方式

在遥控方式下，DEH 接受机组协调控制系统来的指令对机组进行负荷控制，根据负荷增减指令，自动切除调节级压力回路和功率控制回路，变成开环控制方式。

（五）阀门管理和阀门试验

1. 阀门管理

DEH 控制汽轮机高压调节汽阀动作有两种方式。

（1）单阀方式，即所有调节汽阀同时同步动作，这是在机组启动或负荷变化时使用的方式。这种方式使得汽轮机全周进汽，以便均匀受热，减少转子和定子间温度差。

（2）顺序阀方式，即根据负荷的大小顺序打开调节汽阀。这种方式减少了阀门部分打开时造成的节流损失，提高了效率。

由于 DEH 具有很强的计算和控制功能，使得单阀方式和顺序阀方式在动态切换过程中需要进行的流量和阀位关系的复杂计算得到保证，因此，单阀方式和顺序阀方式在运行中能在不影响负荷的情况下自由转换。

2. 阀门试验

在机组正常运行中，对于主汽阀、高压调节汽阀、中压主汽阀和中压调节汽阀分别进行开关动作试验，以防止各个阀门卡涩，对机组运行造成危险。阀门试验在单阀方式负荷控制下才可以进行，而且要将功率和调节级压力调节回路投入。由于上述的阀门管理功能，试验能在不影响负荷的情况下进行。

阀门管理和阀门试验的功能控制是在操作员自动站中实现的。

课题五　锅炉燃烧器管理系统（BMS）

教学目的

了解锅炉燃烧器管理系统（BMS）的功能及操作方法。

一、燃烧器管理系统（BMS）的主要功能

锅炉燃烧器管理系统（BMS）是锅炉燃烧系统及其设备的控制系统，在工程、发电厂实际应用中亦常称为炉膛安全监视控制系统（FSSS）。FSSS 系统主要用于防止锅炉积存可燃物，避免炉膛爆燃；在锅炉启动、正常运行和停止的过程中，监视燃烧系统的大量参数和运行状态，进行逻辑运算和判断，发出指令，通过连锁保护设备，按照规定的程序进行必要的操作和事故处理，以保证锅炉安全可靠运行。锅炉燃烧器管理系统可以根据需要增加和减少逻辑功能，但通常都具有下列主要安全功能。

1. 火焰监测

对于每一个油燃烧器和煤粉燃烧器分别进行监测，并且通过显示器向运行人员提供各个燃烧层的火焰分布，当任意一个燃烧器失去火焰时，立即报警，当失去火焰的燃烧器达到一定数量时，相应的连锁动作。

2. 炉膛吹扫的顺序控制

在主燃料跳闸（MFT）动作，或者全炉膛灭火以后，在炉膛内允许送入最初火种（点火）之前，要对炉膛进行充分地砍扫，以清除可能积存在炉膛内的可燃气体和燃料。BMS通过顺序控制，保证在符合一定的条件（主要包括：所有燃料阀门已经关闭，送、引风机各一台运行，各类保护在正常状态，所有汽水系统及汽包水位在正常状态）下，进行 5min 的炉膛吹扫，并且根据具体情况发出"正在吹扫"、"吹扫中断"以及"吹扫完成"等指令和显示信号。

3. 负荷快速返回功能（RUN BACK）

在满负荷或者大于 50%负荷运行过程中，当锅炉某一台引风机、送风机、一次风机跳闸或者某一台给水泵跳闸时，机组只允许带 50%的负荷运行，BMS 将立即响应，保留最下面的两层制粉系统继续运行，同时自动投入该两层磨煤机系统和相邻油层的油枪，以稳定燃烧。其余正在运行的制粉系统则按照自上而下的顺序分别跳闸。

4. 紧急停炉（主燃料跳闸，MFT）

在锅炉安全受到严重威胁的紧急情况下，如果汽轮机甩负荷、锅炉灭火、失去送风机和引风机、汽包水位过低或者过高时，而运行人员来不及进行及时的操作处理，BMS 将实现

"主燃料跳闸"，将正在燃烧的所有燃烧器的燃料全部切断，或者以层为单位跳掉磨煤机、给煤机等设备。任何时候当锅炉有关设备的安全情况遭受危险时，运行人员都可以直接启动 MFT 或者跳掉个别设备，而不需要等待 BMS 的系统响应。

5. 连续监控锅炉燃烧系统的工况

当制粉系统以及各个燃烧器的投切和运行监控、炉膛压力、给水流量以及燃烧情况等超出安全运行的限值危及设备的安全时，则自动执行安全保护措施，如主燃料跳闸（MFT）、重油跳闸、轻油跳闸和制粉系统跳闸等。

二、燃烧器管理系统（BMS）的控制区

BMS 控制系统有两个控制区（控制室和就地控制站），便于运行人员操作和监控。

1. 控制室

在控制室内设有运行人员控制盘台，BMS 系统的操作指令和状态信息主要通过显示器、鼠标、键盘予以实现。

2. 就地控制站

就地控制通常限制在最低限度，主要用于维修、测试和校验现场设备。在正常运行时，就地控制站上所有控制开关均放置在遥控位置，使被控设备均处于 BMS 系统的远方遥控之下。

三、燃烧器管理系统（BMS）的操作

锅炉的 BMS 系统操作较多，这里仅举两个例子加以说明。

（一）锅炉吹扫

在锅炉跳闸后和重新点火以前，不管停炉与重新点火之间的时间间隔有多长，都必须对于炉膛进行吹扫，以清除可能积存在炉内的可燃物质。

1. 炉膛吹扫条件

（1）燃油跳闸阀门关闭许可。

（2）燃油再循环阀门关闭许可。

（3）二次风箱与炉膛差压不低。

（4）所有点火器停止。

（5）所有给煤机停止。

（6）所有磨煤机停止。

（7）所有磨煤机电动机停止。

（8）所有燃烧器隔断挡板关闭。

（9）所有密封风机停止。

（10）所有热风门关闭。

（11）两台一次风机停止。

（12）两台空预器运行。

（13）无 MFT 条件存在。

（14）所有点火器的火焰检测无火焰。

（15）所有的主火焰检测器无火焰。

（16）炉膛风量在 $30\%\sim40\%$ 额定风量。

（17）火焰检测器探头的冷却风机压力不低。

（18）两台电除尘器停止。

（19）任意一台送风机运行，且相应的挡板打开。

（20）任意一台引风机运行，且相应的挡板打开，与其对应的空气预热器运行。

（21）协调控制系统的电源、通信正常，BMS所有硬件是正常的。

2. 吹扫操作

（1）检查空气预热器启动条件允许。

（2）分别启动两台空气预热器。

（3）开启两侧烟道电动挡板。

（4）一侧引风机启动条件允许。

（5）启动该侧引风机。

（6）检查该侧引风机出口电动门开。

（7）调整其风机入口动叶，使炉膛压力值控制在−20Pa～−50Pa后投入自动。

（8）一侧送风机启动条件允许。

（9）开启该侧送风机出口电动门。

（10）调整其风机入口动叶，使总风量达到25%额定风量以上。

（11）检查未运行的一侧送风机、引风机的出、入口门在关闭位置。

（12）在显示器上调出吹扫画面，当吹扫条件满足后，相应指示允许吹扫，在操作人员运行站上，按"吹扫开始"按钮。

（13）确认"吹扫开始"指示灯亮，按此灯按钮，按钮上灯灭。

（14）吹扫开始5min后，"吹扫完成"指示灯亮，吹扫完成。吹扫过程中，若有条件不满足时，"吹扫中断"指示灯亮，吹扫中断，应查明原因，消除后，重新进行5min吹扫操作。

（15）吹扫完成以后，维持25%额定风量。

（二）锅炉点火

（1）将锅炉"复位"。

（2）将燃油速断阀跳闸"复位"。

（3）开启燃油速断阀。

（4）设定燃油压力为0.73MPa左右。

（5）开启燃油调节阀，当油压达到设定值左右时，将燃油压力控制投入自动。

（6）调节雾化空气压力为0.83MPa左右。

（7）检查点火"准备"灯亮。

（8）检查点火允许条件。

（9）确认过热器疏水门开启，省煤器再循环开启。

（10）关闭再热器进、出口联箱未与凝汽器相连的疏水门。

（11）关闭再热器侧烟气调节挡板，全开过热器侧烟气挡板，同时确认再热器中无积水，采取措施防止水进入汽轮机，在确认再热器中已经有蒸汽流动后，方可开启再热器侧烟气挡板。

（12）油枪就地控制开关在"远方"位置。

（13）确认锅炉保护及连锁正确投入。

（14）确认底灰斗及省煤器水封槽内注水良好。

（15）通知除灰、辅机和化学值班员锅炉点火。

（16）维持汽包水位在低限。

（17）投入烟温探针进行炉膛温度监测。

（18）检查点火器启动条件已经满足。

（19）在显示器上调出炉前燃油控制画面，选择启动一个点火器或者顺序启动点火器组。

（20）点火按程序自动进行：水平风箱挡板到点火位置→插入点火器→插入高能点火枪→打开雾化阀门→高能点火→开油阀。当油阀打开 10s 后，满足后继条件时，若点火器在插入状态，雾化阀打开，油阀全部打开，有点火枪启动记忆，点火器火焰监测有火，则认为该点火器点火成功。

（21）检查该组油枪全部着火。

（22）如果未全部着火则停止该组油枪，待该组油枪自动吹扫完成后，继续点火。

（23）点燃一组油枪后应该调整风量使燃烧稳定、充分。

（24）用同样方法根据需要投入其他油枪。

课题六　机组旁路控制系统（BPS）

教学目的

　　了解机组旁路控制系统（BPS）的操作。

一、旁路控制系统的组成和作用

　　旁路系统是单元机组热力系统的一个重要组成部分，它在机组启动、停止和发生事故的情况下起着调节和保护作用。

　　旁路一般由高压缸旁路和中、低压缸旁路组成。旁路系统的容量一般设计为 30%～50% 锅炉额定蒸发量。在机组启动、停止或者超负荷的时候，锅炉的蒸发量大于汽轮机的用汽量，多余的蒸汽即通过旁路系统减温减压后，排入再热蒸汽管道以及凝汽器，起到加快启动速度、低负荷稳定运行和保护再热器的作用。

　　旁路系统具有测量元件、控制器和执行机构，并通过调节汽阀、减温水调节阀和减温水隔离阀实现不同的控制功能。其中调节汽阀用于压力控制系统，在机组点火、启动升速直至低负荷运行时的不同阶段，控制旁路调节汽阀的开度，保证汽轮机高、中、低压缸和凝汽器要求的压力和流量。减温水调节阀用于减温水控制系统，通过改变减温水调节阀的开度，控制减温水的流量，使高、低压旁路出口达到设定值，保证再热器、凝汽器的安全运行。减温水隔离阀控制系统的作用是当减温水控制系统停止工作时，关闭减温水隔离阀，使减温水切断可靠，防止减温水漏入再热器甚至汽轮机，保证汽轮机和锅炉的安全，用于高压旁路系统。由于低压旁路减温水压力不高，而且即使蒸汽携带部分水分进入凝汽器，其影响也远不及高压旁路那样严重，因此，低压旁路系统一般不设置减温水隔离阀。

二、旁路控制系统（BPS）的设置

（1）在旁路就地打开低压旁路截止阀。

（2）在控制画面上检查投入"旁路打开"。

（3）将旁路投入自动。

（4）当机组启动时，设定旁路阀门的开度，即最小阀位和最大阀位。

（5）设定高压旁路的最大压力、最小压力和压力变化率。

（6）设定高压旁路和低压旁路的阀后温度。

三、旁路系统的运行

旁路系统按照一定的逻辑条件，实现其运行方式及互相切换。

（一）高压旁路

高压旁路在启动过程中有三种运行方式。

1. 阀位运行方式

阀位运行的条件是：

（1）自动调节投入，系统处于自动状态；

（2）锅炉已经点火；

（3）新蒸汽压力小于汽轮机冲转压力；

（4）阀位控制投入。

在操作画面上有阀位选择按钮，控制阀位方式的投入或断开。进入阀位运行后，运行人员通过操作阀位设定值来给出高压旁路阀要求的开度。运行人员应注意检查旁路阀是否打开以及是否处于阀位方式。

随着锅炉燃烧率增加，蒸汽压力不断升高，旁路阀也逐渐开大，当蒸汽压力达到汽轮机冲转压力时，旁路系统自动切换到定压运行方式。

2. 定压运行方式

旁路系统处于定压运行的目的，就是控制汽轮机冲转压力为一定值。

定压运行的条件是：

（1）自动调节投入，系统处于自动状态；

（2）非阀位运行；

（3）高压旁路阀门在开启状态。

在显示器操作画面上有定压运行选择按钮，控制定压方式的投入或断开。进入定压运行后，运行人员通过操作压力设定值来控制高压旁路阀开度的变化。

在满足汽轮机冲转条件以后，汽轮机开始进汽，为了维持蒸汽压力不变，就必须关小旁路阀门。随着汽轮机升速、并网和带负荷，其用汽量不断增大，旁路阀逐渐关小，当旁路阀门全关时，系统自动切换到滑压运行方式。

3. 滑压运行方式

滑压运行的条件是：

（1）自动调节投入，系统处于自动状态；

（2）高压旁路阀门全关。

滑压运行方式的主控信号是由实际压力信号与预先整定的附加压力值组合而成的。附加压力信号的作用是保证在滑压方式时，旁路阀门保持在关闭状态。

旁路系统处于滑压运行方式时，其目的是监视主蒸汽压力上升的速度，并防止锅炉超压。如果蒸汽压力的上升速度超过旁路系统的设定值，则旁路阀开启，以降低蒸汽压力上升的速度。

（二）低压旁路

低压旁路在启动过程中有两种运行方式。

1. 定压运行

启动初期，低压旁路为定压运行，保持再热器热端压力在预先设定的压力值，以保证再热器的最小流通量。运行人员可以在操作屏幕上设置压力设定值。

当汽轮机高压缸进汽后，主蒸汽压力随着进汽量增大而升高，当主蒸汽压力高于设定压力值时，旁路系统自动切换到滑压运行。

2. 滑压运行

在滑压运行方式下，低压旁路的压力设定值，为再热器出口压力设定值加上一个小的阀位低限压力，即随着负荷变化，压力设定值成比例地变化，并始终大于再热器的压力，旁路阀门关闭。

（三）旁路运行过程

在机组带旁路启动的过程中，锅炉点火升压，蒸汽压力达到旁路最小压力，旁路阀门打开，处于阀位状态。锅炉继续升温升压，旁路进入定压状态，汽轮机冲转带负荷。随着负荷增加，旁路阀门逐渐关小，当机组负荷上升至35%额定负荷时，旁路阀门全关，旁路控制转为滑压方式。为便于理解，图3-3给出整个高压旁路阀门行程的曲线。

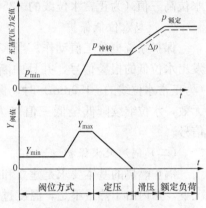

图3-3 高压旁路系统定压、滑压启动曲线

课题七 单元机组的安全保护

教学目的

了解单元机组的各种安全保护方式。

一、典型锅炉保护

锅炉、汽轮机热工监视和保护装置以及由其组成的信号报警系统和保护系统，是保护锅炉、汽轮机安全运行的重要装置。锅炉、汽轮机热工保护的主要内容包括以下几个方面：

（1）监视。对于锅炉、汽轮机的启动、运行中的各个热工参数进行监视，使运行人员及时了解运行情况。

（2）发出报警信号。当某个热工参数超过允许值时，发出声光报警信号。

（3）停机保护。某些热工参数超过允许的极限值时，可能造成设备破坏，因此停机保护装置动作，进行紧急停机。

（一）汽包水位保护

汽包水位保护是指对于锅炉汽包水位出现过高或者过低时的保护。汽包水位是由给水自动调节系统进行控制的，正常水位范围是正常水位线的±50mm。当锅炉负荷出现大幅度波动、自动系统失灵、设备故障、操作失误的时候，会使得汽包水位过高或者过低，威胁锅炉安全运行，因此必须进行锅炉汽包水位保护。汽包水位保护动作值，各个机组不同，这里以某机组为例。

1. 汽包水位高保护

保护系统分三值动作。当水位高至高一值（为正常水位线的+100mm）时，保护系统发出水位高的报警信号，引起运行人员注意。当运行人员处理或调节后，水位仍继续升至高二值（为正常水位线的+200mm）时，开启汽包事故放水门。当部分放水后，水位继续上升至水位高三值（为正常水位线的+250mm）时，则保护系统发出紧急停炉信号。

2. 汽包水位低保护

保护系统也分三值动作。当水位低至低一值（为正常水位线的−100mm）时，保护系统发出水位低的报警信号，并且中断定期排污过程。当经过调整后无效，水位降低至低二值（为正常水位线的−150mm）时，保护系统动作，打开备用电动给水门补充给水量。当措施无效，水位继续降低至低三值（为正常水位线的−250mm）时，保护系统发出紧急停炉信号。

（二）锅炉灭火保护

锅炉燃烧的基本要求是建立和保持稳定的燃烧火焰。在锅炉负荷过低或者燃料变劣的情况下，炉内由于热量不足，温度过低，往往会出现灭火事故。此外，风粉配合不当或者人为操作不当也会导致炉内灭火。发生灭火后，必须迅速切断燃料，以避免炉膛爆炸。灭火保护有以下两种方式共同作用：

（1）火焰监测灭火保护。锅炉灭火保护以炉膛火焰亮度为信号，监测炉内火焰存在与否。当多个火焰监测器发出无火焰信号时（如四取二），则锅炉确认已经灭火，保护系统动作，自动进行紧急停炉（MFT）操作。

（2）炉膛压力（负压）灭火保护。各种容量的锅炉都必须安装炉膛正、负压力保护，俗称"负压"保护。炉膛压力由压力开关检测元件检测。炉膛压力保护动作值的选取主要取决于锅炉制造厂的炉膛结构强度。炉膛和炉膛钢性梁的强度是随锅炉容量、型式及制造厂的不同而各有差异的，由于压力取样点不同，燃烧器的运行特性及燃料性质不同，各个电厂的压力保护动作值与报警值都不同。

某厂350MW机组正常运行时，炉膛压力为+0.49～−0.98kPa。锅炉灭火保护整定值为炉膛压力低一值−0.98kPa（报警），低二值−2.45kPa（保护动作）；炉膛压力高一值+0.49kPa（报警），高二值+2.94kPa（保护动作）。

（三）紧急停炉保护（MFT）

锅炉在点火、正常运行过程中，若出现危及机组安全运行的情况，应自动切除通往锅炉的一切燃料，实现紧急停炉，即锅炉主燃料快速切断（Main Fuel Trip，简称MFT）。根据不同的锅炉型式和热力系统的特点，MFT具有不同的响应条件。一般在下列条件之一出现时，就会发生锅炉MFT：

（1）汽包水位严重过高或者过低。

（2）送风机全部跳闸。

（3）引风机全部跳闸。

（4）送风量降低至25%额定负荷所需风量以下。

（5）燃料全部中断。

（6）火焰全部熄灭。

（7）炉膛压力过高或者过低。

（8）手动跳闸。

（9）主蒸汽温度过高。

（10）主蒸汽压力过高。

（11）再热器出口汽温过高。

（12）再热器保护动作。

（13）冷端再热器管道金属温度过高。

（14）全部回转式空气预热器停止运行。

（15）给水泵全停。

MFT 信号发出后，系统自动切除全部燃烧器，并通过机组总连锁保护，实现紧急停炉，即单元机组停运。

二、典型汽轮机保护

汽轮机一般都配备专门的保护装置，以便遇到危及机组的安全情况时，保护装置动作，通过 DEH 关断各汽阀，立即停机。汽轮机保护装置设有超速防护（OPC）装置和遮断（ETS）装置。

（一）汽轮机的超速防护系统（OPC）

汽轮机的超速防护系统，是对汽轮机超速的第一道防线。当汽轮机转速上升到103％额定转速时，利用 OPC 的超速防护功能关闭调节汽阀，使得汽轮机维持在额定转速运行，避免转速升高而需要遮断停机。超速防护系统具有以下功能：

（1）中压调节汽阀快速关闭（CIV）功能。其目的是提高电力系统的稳定性。其作用是当发电机负荷突然下跌时，汽轮机的机械功率超过发电机功率某一预定值，保护进行 CIV，中压调节汽阀在 0.15s 内快速关闭，在关闭一段时间（可在 0.3～1s 范围内调整）后，中压调节汽阀重新快速打开。如果打开后汽轮机机械功率与发电机功率偏差仍然超过预定值，10s（可调）内，CIV 把高压调节汽阀再关闭。这种措施主要考虑电网的短期故障，如瞬间短路等问题。这种故障若在 10s 以内能够消除，则不至于引起机组超速而被迫与电网解列，避免不必要的停机和重新并网。

（2）负荷下跌预测（LDA）功能。其目的是在负荷大幅度变化（如甩负荷）时，避免机组超速过多引起紧急遮断系统动作的一种保护措施。其作用是以甩负荷时压力变化为手段，实现负荷下跌预测。当发电机励磁电路断路，汽轮机机械功率低于30％额定功率，以及发电机励磁电路断路，再热蒸汽压力出现低限故障时，迅速关闭高、中压调节汽阀，以避免转速达到 110％额定转速而导致停机。经过一定时间（1～10s 可调）后，若转速测量小于103％额定转速，高、中压调节汽阀重新打开，重新接受汽轮机调节系统控制。LDA 这种功能可以避免机组不必要的跳闸而导致重新启动。

（3）超速防护控制（OPC）功能。无论是转速控制还是负荷控制，只要转速测量可靠，其值达到103％额定转速时，超速防护控制器将发出信号，关闭高、中压调节汽阀。

（二）汽轮机的紧急遮断控制系统（ETS）

紧急遮断控制系统的任务，是对机组的一些重要参数进行监视，并在其中之一超过规定值时，发出遮断信号给汽轮机调节系统去关闭汽轮机的全部进汽阀门，实行紧急停机，确保机组的安全。

ETS 系统有下列保护功能：超速保护，轴向位移保护，润滑油压低保护，抗燃油低油压保护，凝汽器真空低保护。

ETS 还提供一个外部遮断接口，接受轴振动、MFT、电气故障等用户需要的保护信号，以及供运行人员紧急打闸停机使用。此外，机械超速遮断为独立系统，不纳入 ETS 范围，以实现对于机组超速的多重保护。

下面以某台 300MW 机组为例，给出 ETS 超速保护参数。

超速保护（电气）正常值 3000r/min，遮断值 3300r/min；超速保护（机械）正常值 3000r/min，遮断值小于 3330r/min。

1. 轴向位移遮断（TB）保护

当汽轮机转子的推力过大时，会产生超过允许值的位移，转动部分与静止部分产生严重摩擦，酿成重大事故，其严重程度与超速飞车事故等同。因此，无论大、小汽轮机，都必须设置轴向位移遮断保护。在正常情况下，转子的轴向推力由推力轴承来承担，推力轴承的失常可以通过轴向位移的超标来反映。汽轮机的轴向位移，在运行中是受到严格限制的。因此，监视传感器应当安装在推力轴承附近，监视的参数是轴向位移。

以下给出某机组的轴向位移参数。

轴向位移保护（调速器方向）正常值 3.56mm，报警值 2.66mm，遮断值 2.54mm；轴向位移保护（发电机方向）正常值 3.56mm，报警值 4.39mm，遮断值 4.57mm。

2. 润滑油低压遮断（LBO）保护

润滑油压过低，引起供油量不足，容易造成轴颈与轴瓦间的干摩擦，烧坏轴瓦，引起机组强烈振动等。因此，紧急遮断系统中都设有润滑油低油压的连锁和遮断保护。

国产 300MW 机组规定：

（1）当润滑油压低至 0.069MPa 时，交流润滑油泵自动投入；

（2）当润滑油压低至 0.059MPa 时，直流润滑油泵自动投入；

（3）当润滑油压低至 0.0196MPa 时，遮断保护动作，关闭主汽阀，实行紧急停机。

3. 抗燃油低油压遮断（LP）保护

抗燃油是 DEH 系统中的控制与动力用油，是用来控制所有主汽阀和调节汽阀的。当抗燃油压力过低时，会导致机组失控，因此必须设置抗燃油低油压遮断保护。

以 300MW 机组为例，LP 有以下参数：

抗燃油低油压保护正常值 12.41MPa～15.17MPa，报警值 10.69～11.38MPa，遮断值 9.31MPa。

4. 凝汽器真空低（LV）保护

当真空过低时，会引起排汽温度过高，使得低压汽缸变形，机组振动过大，严重时会酿成重大事故。因此，一般的汽轮机保护系统中也都设有低真空遮断保护。

以 300MW 机组为例，LV 有以下参数：

凝汽器真空低（排汽压力）保护正常值（最大允许值）16.94kPa，报警值 18.63kPa，遮断值 20.33kPa。

三、发电机-变压器组保护

由于大型发电机-变压器组在电力系统中具有重要地位，以及发电机-变压器组价格昂贵，检修工艺复杂、困难，停机所造成的损失大等原因，在考虑其保护配置时，最重要的是要保证发电机-变压器组安全和最大限度地缩小故障破坏范围，尽可能地避免不必要的停机，特别要避免保护的误动和拒动。保护系统的整体要尽量完善、合理。

发电机-变压器组的保护种类很多，动作情况也不一样，下面仅就一部分重要、特殊的保护加以说明。

（一）发电机差动保护与发电机-变压器组纵联差动保护

发电机差动保护是防止发电机定子绕组短路事故扩大，防止烧毁发电机的保护装置。它由两部分组成：瞬间动作的纵联差动保护，用来防止发电机定子绕组相间短路事故；横联差动保护，用来防止发电机定子绕组匝间短路事故。此保护装置动作将主断路器和励磁系统跳闸并报警。

由于发电机与变压器之间不设断路器，其中任何一台设备或引出线故障，都要威胁其他设备的安全，所以，除了发电机、主变压器和高压厂用变压器分别设置有差动保护以外，单元机组还设置了发电机-变压器的大差动（纵联差动）保护，用来保护发电机-变压器组内发生的短路故障，与发电机-变压器的差动保护构成快速双重保护系统。

（二）发电机定子接地保护

发电机定子绕组接地对于发电机的损坏非常严重。为此发电机设置 100％ 的定子接地保护，此保护装置动作时，将主断路器和励磁系统跳闸并报警。

（三）发电机逆功率保护

逆功率保护用于保护汽轮机。由于某种原因使主汽阀误关闭，或者机炉保护动作使主汽阀关闭而出口断路器未跳闸时，发电机变为同步电动机运行，从电力系统吸收有功功率。这种情况对于发电机并无威胁，但是由于鼓风损失，汽轮机低压缸排汽温度将升高，汽轮机尾部叶片可能过热损坏。大型机组均设置逆功率保护。

（四）瓦斯保护

瓦斯保护用来防止变压器内部故障。当变压器本体内部发生故障有气体产生时，气体触动瓦斯继电器保护。如果故障不严重，气体量产生得慢且少，待气体量达到某一预定值时，保护发出轻瓦斯信号报警。当故障严重时，变压器内部产生大量气体冲击瓦斯继电器，使重瓦斯保护动作，断开变压器断路器。

四、单元机组的连锁保护

单元机组的连锁保护主要指锅炉、汽轮机、发电机三大主机之间的连锁保护，以及主机与给水泵、送风机、引风机等主要辅机之间的连锁保护。这是一套能够根据电网故障或机组主要设备故障，自动进行减负荷、停机、停炉等操作，并且以安全运行为前提，尽量缩小事故波及范围的自动控制装置。

（一）对于系统的基本要求

系统的主要功能是分辨跳闸和连锁信号的正确性，并立即响应正确的信号，执行相应的动作，为此系统采取以下措施满足要求。

（1）为了保证保护装置具有最高的可靠性，设置冗余的跳闸回路，以避免跳闸的误动、漏动和拒动。

（2）为了保证在机组出现危险工况时，保护装置能立即作出反应，要求保护装置具有完善的试验手段。装置的试验功能允许跳闸功能进行不停机试验，并且在试验过程中，保持该功能继续有效，不影响机组的安全运行。

（3）在保护系统动作以后，为了便于分析机组的事故原因，保护装置应具有记忆（或自动记录）动作时检测信号的功能。

（二）基本功能项目与简介

1. 甩负荷保护（FCB）

当出现电网事故，引起发电机开关跳闸，而厂用变压器开关未跳闸时，会造成发电机甩负荷。当发电机开关和厂用变压器开关同时跳闸时，会造成汽轮机甩负荷。当汽轮机跳闸使主汽阀关闭时，会造成锅炉甩负荷。为了保证在故障消失后，机组能迅速并网，带负荷，采取不停炉维持尽可能低的出力下运行，以便快速返回带负荷，单元机组设置了甩负荷保护FCB（亦称机组快速返回）。

根据发生 FCB 后机组的不同运行方式，可以分为 5％负荷 FCB（甩负荷带厂用电运行）和 0％负荷 FCB（甩负荷停机不停炉）两种方式。

2. 辅机故障快速减负荷（RUN BACK）

当主要的辅机发生故障退出工作而影响机组的负荷能力时，RUN BACK 系统可以根据其余辅机的负荷能力确定机组所能承担的负荷值，并发出指令使机组负荷降到该值。通常减负荷的目标值是机组额定负荷值的 25％、50％和 75％三个值。

3. 主机之间连锁保护

机组运行过程中出现异常工况后，各个自动控制系统以及机组事故处理系统都会采取各种措施进行处理。当所有措施均未能奏效，而异常情况的进一步发展有可能危及设备或者人身安全时，系统必须采取最后的极端措施使机组跳闸，停止运行。机组自动跳闸即是主机之间的连锁保护，主机连锁保护包括发电机跳闸回路、汽轮机跳闸回路及锅炉跳闸回路三部分。其动作特点是

（1）当锅炉故障引起锅炉连锁保护动作（MFT）时，就会连锁汽轮机跳闸、发电机跳闸，整个单元机组停运。

（2）汽轮机与发电机互为连锁，即汽轮机跳闸时，会引起发电机跳闸；发电机故障跳闸时，也会引起汽轮机跳闸。无论哪种情况，都会引起 FCB。若 FCB 成功，则实现停机不停炉，锅炉维持低负荷运行。若 FCB 不成功，则 MFT 动作，实现停炉。

（3）虽然汽轮机或者发电机未发生故障，但因为电网故障或者其他原因使主断路器跳闸，也会引起 FCB 动作。若动作成功，则机组带厂用电运行，锅炉维持低负荷运行。若 FCB 不成功，则导致 MFT 动作，实现停炉。

小　　结

单元机组的热控系统主要采用分散控制系统（DCS）。DCS 系统主要包括数据采集系统、协调控制系统、锅炉燃烧器管理系统和汽轮机数字电液控制系统。机组的连锁和保护是自动控制的一个重要环节，当机组出现异常情况时，能自动地将机组过渡到一种安全的运行方式或状态。

习　　题

1. 火电厂分散控制系统是由哪些系统组成的?
2. 负荷控制方式主要有哪些?
3. 简述锅炉吹扫和点火的主要步骤。
4. 何为 DEH 的单阀方式和顺序阀方式?
5. 解释什么是 MFT 和 ETS?
6. 什么是 FCB、RB?
7. 简述主机连锁的内容。

上　机　操　作

1. 了解锅炉、汽轮机操作画面的布置情况和操作顺序。
2. 进行锅炉吹扫和点火的练习。
3. 试验各种负荷控制方式。
4. 试验机、炉、电单个保护的情况。
5. 试验机、炉、电连锁保护的情况。

单元机组事故处理

内容提要

本单元在介绍了单元机组事故特点及处理原则的基础上，主要讨论了炉、机、电各环节以及电力系统常见事故及其处理办法。

课题一　单元机组事故特点及处理原则

教学目的

了解单元机组事故的特点及处理原则。

为提高电力生产的可靠性和经济性，我国在电力行业推行电力可靠性管理，火电机组可用率（系数）AF就是其中的重要指标之一。火电机组可用率（系数）AF可表示为机组可用状态小时数与统计期日历小时数之百分比。

一、影响火电机组可用率（系数）的因素

目前，机组事故率高，事故机组停运时间长是造成火电机组可用率（系数）下降的直接原因。事故就是人身伤亡和因设备故障而损失电量的事件。我国规定有下列情况之一者，均应算作事故：①人身伤亡，②设备非计划停运或异常运行、降低出力，少送电（热）者；③发电厂的异常运行引起了全厂有功出力或无功出力降低比电力系统调度规定的有功负荷曲线数值低5%以上，或比无功负荷曲线值低10%以上，并且延续时间超过了1h；④由于发（供）电设备、公用系统损坏造成一定经济损失；⑤其他情况；如主要发（供）电设备异常运行已达到规程规定的故障停止运行条件，而未停止运行者；锅炉安全阀拒动，使压力达到额定压力1.25倍以上者；汽轮机运行中超速达到颤定转速的1.12倍以上者；由于通信系统失灵，造成延误送电或扩大了事故者；主要发（供）电设备的计划检修；超过了批准的期限；备用的主要发（供）电设备不能按调度规定的时间投入运行者等。

从我国大型机组的情况看，据2000年统计：300MW机组的供电煤耗为364g/（kW·h），厂用电率为5.54%，等效可用系数为89.4%；600MW机组的供电煤耗为350g/（kW·h），厂用电率为6.1%，等效可用系数为84.7%。而在1999年投产的43台火电机组中，有一台125MW机组投产后半年的等效可用系数竟低于50%。火电机组可用率（系数）低的原因是多方面的，有设计、制造方面的，也有安装、检修和运行方面的，大致可归纳为以下几点：

（1）非计划停运次数多。目前我国电网尚缺少足够的备用容量，外界负荷经限制后仍大于机组可用出力。大机组的任何非计划停运，皆会影响电网的正常供电。据统计，1999年投产的43台火电机组，投产后半年内共发生非计划停运240次。总地来说，我国大多数机组非计划停运次数仍太多，尤其在投运的头三年内，单机非计划停运超过15次的有15台，

一台单机非计划停运次数最多达 74 次。因此，必须对非计划停运次数严格管理，力求将其降低到最低值。在 1986 年大机组非计划停运事故中，锅炉省煤器、过热器、再热器和水冷壁等爆管是造成非计划停运的主要原因。由此引起的非计划停运时间及其占全部非计划停运时间的百分比和对可用系数的影响如表 4-1 所示。

表 4-1　　　　　　　　　　由锅炉四管爆漏引起机组非计划停运情况

容量等级 （MW）	台数 （台）	非计划停运次数 （次）	平均每台每年 停运次数（次）	非计划停运 时间（h）	占全部非计划 停运时间（%）	每台平均降低 可用率（%）
200～250	48	126	2.6	11943.57	27.61	2.84
300～350	12	42	3.5	4090.65	31.62	3.89
600	1	17	17.0	1009.72	40.24	11.53

注　四管，即省煤器管、过热器管、再热器管和水冷壁管。

（2）检修时间长。

（3）高压加热器经常不能投入的问题普遍存在。大型机组运行中高压加热器如不投入，热耗约增加 3%，国产机组还要降低出力 10% 左右。我国大型机组高压加热器投入率较低。据调查，东北、华北、华东等 34 台 200～250MW 机组，1986 年高压加热器投入率为75.3%；华北、华东 8 台 300～320MW 机组，1986 年高压加热器投入率为 75.14%。仅这一部分机组（9340MW），由于高压加热器投入率低，就损失机组可用系数约 2.5%。

（4）主设备或公用系统存在缺陷。主设备或公用系统存在缺陷或电网结构薄弱造成的"卡脖子"会使部分机组长期不能满发，有的机组因汽温达不到设计值而长期限制出力运行，夏季因环境气温高也会限制机组出力。1986 年我国部属 200MW 以上机组，因设备缺陷、设计不当及夏季气温高等，机组可用系数降低 3.3% 以上。

（5）恶性事故较多而导致机组长时间停运。根据资料统计，1986 年 48 台 200～250MW 机组，非计划停运时间在 500h 以上的停运事故共发生 13 次，平均每台每年 0.27 次；非计划停运时间在 1000h 以上的事故共发生 2 次，平均每台每年停运 0.04 次；12 台 300～320MW 机组，非计划停运时间在 500h 以上的共有 4 次，平均每台每年停运 0.33 次。这类恶性事故，损失巨大，必须尽力防止。

（6）热控问题引起的非计划停运比较频繁。1986 年 200～250MW 机组的锅炉、汽轮机保护及热工仪表方面问题造成非计划停运共 61 次，平均每台每年停运 1.27 次，总计停运3983h，降低机组可用系数 1%。

二、单元机组的事故特点

（1）单元机组容量较大，事故停运后，影响对外界的供电。如果事故时发生设备损坏，会使检修工期较长，对机组的发电和外界的供电影响更大，加之检修费用高昂，增加了许多直接经济损失。即使事故没有造成设备损坏，单元机组因受金属的热膨胀和热应力的限制，其启、停时间也较长。这些都造成巨大的经济损失。

（2）单元机组事故造成的主设备损坏，维修十分困难。单元机组主设备的结构非常复杂，各部件的组合技术要求很高，事故对其破坏的后果是很严重的。如锅炉的灭火打炮造成炉体的严重变形、漏风；汽轮机动静部分摩擦造成叶轮和隔板的磨损和严重过热损坏；变压器故障造成绕组严重变形和烧毁或铁芯烧熔。这些主设备损坏的检修都是十分困难的。有时恢复时间长达数月至半年。即使如此，还是难以恢复至原来的状态，设备仍可能存在重大隐患，整个设备的健康水平降低，甚至限制了单元机组的出力。

（3）单元机组纵向联系密切，炉、机、电中任一环节故障都将影响整个机组的运行。

由于单元机组的纵向联系密切，炉、机、电环环相扣，其中任一环节的不正常都将影响到整台机组的使用。随着单元机组容量的增加，相应的辅机容量也增大，对附属设备的要求也因主机参数的提高而更加严格。因而，不论主机、辅机还是附属设备的损坏，都可能造成单元机组的事故停运。在单元机组事故中，辅机和附属设备的故障占有相当高的比例。

（4）单元机组内部故障不影响其他机组的正常运行，事故范围大大缩小。

（5）参数越限、管壁超温的设备事故占相当大的比例。单元机组为大容量、高参数机组，设计时在材料性能方面留有的裕度是非常有限的。由于金属材料处于严峻的条件下运行，所以对运行参数及管壁温度的控制是很严格的。特别是现代先进的计算机和监控系统的使用，给单元机组运行参数的调整和管壁温度的控制与寿命管理提供了有力的保证。但即使这样，因参数越限、管壁超温而造成的设备事故仍占相当大的比例。

（6）自动及保护装置故障、不正确使用或停运等原因造成的设备损坏事故时有发生。

单元机组的特点必然要求自动及保护装置更加完善，运行更加可靠。但是，由于管理、设备、技术或人为等方面的种种原因，现场往往不能正确使用这些装置，甚至有的自动保护装置长期不能投运。在这种情况下若发生事故，因自动和保护装置没起作用，事故势必扩大，造成主机和辅助设备的重大损失。同时，热工保护装置故障误动引起机组跳闸，其次数随保护装置采用范围的扩大而有所增加，这也是当前新机组投产初期运行阶段的常见故障。

三、单元机组的事故处理原则

（1）事故发生时切忌主观、片面地判断及操作，应尽快向上级反映，及时处理。在事故发生时，应根据有关表计指示、信号及机组外部征兆等进行综合分析，以免判断失误而导致误操作，并及时向上级部门汇报，以便统一指挥，协调处理。运行人员应以认真负责的态度，始终保持清醒的头脑，沉着冷静，判断正确，迅速果断地将事故消灭在萌芽状态。

（2）采取措施，迅速解除对人身和设备安全的直接威胁。对直接威胁到人身及设备安全的事故，应迅速地、无条件地解除，以保证人身安全和设备安全。处理事故的同时应注意保持非事故设备的安全运行，并加强对公用系统的监视和调整。

（3）保持厂用电的正常供电，以防事故扩大。在单元机组发生事故时，运行人员应尽最大努力，保持厂用电的正常供电。一旦失去厂用电，辅助设备将失去电源，无法运行，这意味着单元机组几乎所有的转动机械都将停止，以导致事故扩大，拖延事故的处理时间。

（4）迅速、准确、果断地处理事故，避免和减少主设备的损坏。主设备的严重损坏是电力系统的五大恶性事故（大面积停电，严重误操作，主要设备损坏，火灾，人身伤亡）之一，造成的损失非常巨大，使主设备长期不能修复，其影响是恶劣的。相反，由于系统容量较大，对个别机组的暂时停运，只要采取相应措施，一般不会对系统运行造成很大危害。所以，在设备出现紧急事故时，首先应立即紧急停机，不必向上级请示。

（5）单元机组内部故障处理要尽量缩小范围，减少恢复时间。单元机组内部故障处理时，要尽量缩小范围，就地解决，不能让故障产生连锁反应，威胁电力系统的安全稳定运行。在事故处理时，应考虑便于恢复。例如电气故障时，应尽量让汽轮机保持 3000r/min 的转速；汽轮机故障时，应尽量保持锅炉燃烧，以便能尽快处理故障，恢复运行，减小对系统供电的影响。

（6）单元机组的事故处理，炉、机、电是一个有机整体。单元机组炉、机、电纵向联系密切，牵一发而动全身。在事故处理中，要在值班长的指挥下，统筹兼顾，全面考虑。

课题二　单元机组的事故及其处理

教学目的

了解单元机组的典型事故及其处理办法。

一、锅炉典型事故及处理

锅炉机组是火力发电厂三大主机之一。可靠性统计表明，100MW 及以上机组非计划停用所造成的电量损失中，锅炉机组故障停用损失占 60%~65%，1995 年 100MW 及以上锅炉及其主要辅机故障停用损失电量近 120 亿 kW·h。故障停用造成的启停损失（启动用燃料、电、汽、水）若每次以 3 万元计，仅此一项全国每年直接经济损失就达 2400 万元。与此同时每次启停，锅炉承压部件必然发生一次温度交变，导致一次寿命损耗，其中直流锅炉水冷壁与分离器可能发生几百度温度的变化，从而诱发疲劳破坏。

（一）水位事故

锅炉的水位事故主要有满水和缺水两种。根据不完全统计，1982~1985 年的四年里发生缺水事故 27 次，满水事故 45 次；1986~1989 年上升到 121 次，占锅炉运行事故的 11.2%。锅炉水位事故的后果是十分严重的，一旦发生而未能及时、正确地处理，将会导致机、炉设备的严重损坏，甚至可能导致人身伤亡。

1. 锅炉满水

锅炉满水分轻微满水和严重满水两种。水位高于最高水位，但水位计仍有读数时称轻微满水；水位高到水位计已无读数时为严重满水。

（1）锅炉满水的现象。锅炉满水时水位报警器发出水位高的报警信号，严重时水位高自动保护装置动作；汽包水位计的指示超过最高允许水位或看不到水位；二次水位计指示水位过高；给水流量不正常地大于蒸汽流量；蒸汽含盐量增加，过热汽温有所下降；严重满水时蒸汽管道发生水冲击等。

（2）锅炉满水的原因。锅炉满水的原因通常有以下几个方面：①运行人员过失。锅炉满水大多数是由于运行人员疏忽大意，对水位监视不严、误判断或误操作而造成的。此外，在锅炉启停和增减负荷时，未掌握水位变化规律，调节幅度过大等，也易造成锅炉满水。②水位计指示不准确。汽连通管泄漏时，水位计指示偏低；当水位计汽连通管堵塞时，水位计中的水位将逐渐升高等。在监视水位时如果对这些情况不清楚或判断不正确，就可能造成给水压力过高，从而引起锅炉满水。③给水压力过高。如启动备用给水泵时，因联系不周造成给水压力过高，就可能引起锅炉满水。④给水自动调节装置失灵或调节机构故障。若运行人员未及时发现和消除这些故障，则可能造成满水。

（3）锅炉满水的处理。现代大型锅炉一般都设有水位高、低自动保护装置。当水位升至报警水位（即水位高保护一值）时，运行人员应查明水位高的原因，及时进行处理，必要时将给水自动改为手动，适当减少给水量。当水位超过允许最高水位（水位高保护二值）时，水位自动保护装置就自动打开事故放水门。若运行人员发现及时，就可提前手动打开事故放水门。若过热汽温下降，必要时应将减温器解列，打开过热器疏水门或向空排汽门，并通知汽轮机运行人员打开汽轮机侧主蒸汽管道上的疏水门。

如经上述处理无效，水位仍上升超过汽包水位计上部可见水位（水位高保护三值）时，锅炉水位高保护装置应动作，自动停炉，并联跳汽轮发电机一起紧急停止运行，电子计算机、电视屏幕显示出锅炉满水，建议紧急停炉。若水位自动保护装置拒动，则应立即手拉紧急停炉开关，汽轮发电机亦应联动跳闸。当锅炉没有水位自动保护装置时，运行人员应按照紧急停炉处理，同时，应继续放水，严密监视汽包水位。当水位在水位计上重新出现时，则可关小或关闭放水门保持正常水位，待查明事故原因和消除故障根源后，锅炉即可重新点火，恢复正常运行。

2. 锅炉缺水

（1）锅炉缺水的现象。判断锅炉缺水与满水，对高压以上锅炉，主要是依靠仪表指示和水位保护装置来分析判断。锅炉缺水现象与满水的现象相反，如水位警报器发出水位低的报警信号；严重时水位低自动保护装置动作；汽包水位计的水位指示低于最低允许水位以下或看不到水位；二次水位计指示水位过低；给水流量不正常地小于蒸汽流量；严重缺水时，过热汽温升高等。

（2）锅炉缺水的原因。锅炉缺水的原因与锅炉满水的原因大致相似，如运行人员过失、水位计不准确、给水自动装置失灵或调节阀机械故障、给水压力降低、排污不当或排污门泄漏等，都可能导致锅炉缺水。

（3）锅炉缺水的处理。当水位低至报警水位（水位低保护一值）时，水位警报器发出报警信号，运行人员应查明水位低的原因，及时进行处理，必要时将给水自动改为手动，适当增加给水量。当水位低至允许最低水位（水位低保护二值）时，水位警报器发出第二次报警信号，水位自动保护装置应立即自动停止程控排污，开大给水调节门或提高给水泵转速，以增加给水量，必要时启动备用给水泵。

若水位继续下降，汽包水位计指示低于下部可见水位（水位低保护三值）时，锅炉水位低保护装置应动作，自动紧急停炉（当锅炉没有水位自动保护装置时，运行人员应按紧急停炉处理），并联跳汽轮发电机。若水位自动保护装置拒动，则应手拉紧急停炉开关，汽轮发电机亦应联动跳闸。

若判明为严重缺水（即水位低至汽包水位计水侧连通管以下）时，则应严禁再向锅炉进水，并立即熄火。因为严重缺水时，水位究竟低到什么程度无法判断，有可能水冷壁管已部分干烧、过热，此时若强行进水，则温度很高的汽包和水冷壁管被温度较低的给水急剧冷却，会产生巨大的热应力，有可能造成管子及焊口大面积损坏，甚至发生爆管事故。

当发生严重水位事故时，应立即停炉，不准再用"叫水法"检查汽包水位之后再停炉，以防延误时间，使事故扩大。

（二）锅炉燃烧事故

1. 锅炉灭火

锅炉灭火是运行中的锅炉因风煤比失调、炉膛温度低或燃烧中断，而导致正在运行的燃烧器突然全部熄火的一种事故。

（1）灭火现象和处理。灭火时一般会出现炉膛负压突然增大，一、二次风压突然减小，汽温、汽压随之降低，汽包水位先降低而后升高，炉膛变暗等现象，同时火焰监视器发出灭火信号，有灭火保护装置时，即应按规定动作（MFT）。判定为炉膛灭火时，应立即停止给粉机或煤粉制备系统，关闭速断油门，停止向炉内供应燃料。严禁用关小风门继续供给燃料以爆燃方式恢复着火。此外，还应立即减负荷，解列减温器，控制好汽温和汽包水位，调整炉膛负压进行通风吹扫（燃煤炉吹扫不应少于 5min，燃油炉不应少于 10min），在查明灭火原因并加以消除后，再重新点火。若短时间不能恢复时，则按正常停炉处理。

个别燃烧器在运行中灭火是经常发生的，如调整及时，一般不致造成全炉膛灭火。采用四角布置直流燃烧器成切圆燃烧的炉膛，当一角的燃烧器全灭火时，会对下游燃烧器的着火有较大影响，可能迅速导致其他燃烧器相继灭火。对圆形旋流式燃烧器，由于是依靠自身卷吸的回流烟气而着火的，单只燃烧器灭火时，对相邻燃烧器影响较小，但炉膛温度总水平会下降。燃烧器或炉膛灭火，如不是误操作造成的，一般会有超前的征兆，如燃烧不稳，火焰闪烁变暗或炉膛负压变化大等。在运行中认真操作，对事故及时发现并正确调整后，全炉膛灭火事故一般可以避免，即使已灭火，若正确处理，也不会有过大损失。

（2）灭火原因。灭火常见原因是：①燃料中断，包括烧油时，燃油系统故障，油中带水；直吹式制粉系统断煤堵煤；送粉管路堵塞，给粉机故障或供粉不均。②煤质变坏，挥发分太低，煤粉过粗，煤粉仓积粉倒塌或粉位过低，风煤比失调。③辅机故障跳闸，送风机、引风机中断。④低负荷运行，燃烧调整不当。⑤炉膛内大面积塌渣。⑥水冷壁管爆破、制粉系统爆破。⑦其他操作失误，如切换燃烧器、吹灰、打渣和负荷调整等操作不当。

（3）预防措施。预防炉膛灭火的主要措施有：①锅炉设计应根据所选定的燃料特性及着火的难易，正确选定锅炉的炉膛热负荷、燃烧器的形式与布置，并正确配置相应的制粉系统及灭火保护装置等；对不易着火的燃料应采取适当的有利于着火及稳燃的措施，使燃烧设备特性与燃料的质量相适应。②加强对锅炉用煤的管理和监督，混煤应掺和均匀，应当使运行人员了解当时实际燃烧的煤质特性。③注意对运行工况的监视，分析炉内燃烧情况、风压、风量和蒸汽参数等的变化，及时进行调节。④保持合理的煤粉量，保证给煤（给粉）稳定、均匀，注意防止原煤外在水分过高，或因木头、铁件等大块杂物而引起制粉系统阻塞和一次风管积粉。⑤对炉膛最低稳燃负荷（不投助燃油）应预告测定，在正常情况下应不低于此限值。⑥对于直吹式制粉系统，最好用减少或投入磨煤机的台数的方法来调节负荷，避免对应的闲置燃烧器煤粉管中积粉。⑦对锅炉的吹灰、除渣应在燃烧稳定、负荷较高的情况下进行。

2. 锅炉爆炸事故

（1）锅炉爆炸的概念。锅炉爆炸事故是锅炉炉膛或烟道内燃料突然强烈燃烧或熄火，燃气压力骤增或骤减，超过炉墙或烟道承受能力而使之破裂的事故。锅炉爆炸有外爆和内爆两种。前者是炉膛或烟道内聚集的可燃混合物被引燃，导致急剧不可控的爆炸性燃烧，燃气体积迅速膨胀，使炉墙或烟道向外爆裂。后者是炉膛灭火，烟气体积随温度降低迅速减小，这时，如送风机、引风机配合不当，引风机抽力瞬间增大，使炉墙或烟道承受较大的负压力而向内爆裂。严重的内爆与外爆将导致炉墙破坏，水冷壁管破裂，这是锅炉的重大事故。

（2）爆炸原因。内爆的起因是炉膛内燃料燃烧产生的烟气量大于送入炉膛内的空气量，并且燃烧温度很高，炉内气体的体积大，炉膛熄火将导致炉膛内气体实际容积缩小 5～6 倍，因而炉膛风压骤降。发生破坏性内爆的锅炉一般是在 500MW 机组以上，其中燃油燃气锅炉占多数。

外爆的起因主要是炉膛灭火处理不当，继续送入燃料，使炉内燃料在空气中的浓度增大，浓度达到一定程度被引燃形成爆炸；或燃料漏入停运的炉膛，引起可燃物堆积。在煤粉炉中，当煤粉和空气混合物的质量浓度处于 $0.3\sim0.5kg/m^3$ 时，煤粉就具有爆炸性。一台 600MW 机组的锅炉，进入炉膛内的煤粉量约 80kg/s 左右，故炉膛熄火 $1\sim2s$ 内就可形成爆炸性可燃混合物。气粉混合物中的相对含氧量，对可爆性有影响。含氧量的比例越大，爆炸的可能性越大，产生的爆炸力越强。含氧量小于 14% 时，一般无爆炸危险。另外，运行中煤质变化，风煤比失调，给粉自流以及燃料、空气瞬间中断等，都可能引起灭火和燃料中断。送风机跳闸和启停炉过程中操作不当，使炉内平衡通风破坏，瞬间负压过大等也可能引起锅炉爆炸。

（3）预防措施。主要是防止炉膛灭火，如出现灭火应按下列要求进行操作：①一旦全炉灭火，应立即切断进入锅炉的全部燃料，包括给煤、给粉和点火用油、气等，即所谓主燃料切断（MFT）。②锅炉点火前必须通风，排除炉膛、烟风道及其他通道中的可燃物聚集。通风时必须将烟风挡板及调风器打开到一定的位置，风量应大于满负荷风量的 25%，时间不少于 5min，以保证换气量大于全部容积的 5 倍（德国 TRD 规定是 3 倍）。③点火时要维持吹扫风量；一个燃烧器投运 10s 内（不包括投煤及煤粉达到燃烧器所需的延滞时间）点不着，就应切断该燃烧器的燃烧。

另外，应根据锅炉容量的大小，设置炉膛安全保护监控系统，包括设置防爆门、炉膛压力保护和火焰监视器等。对较大容量的锅炉应配置较完善的炉膛安全保护监控系统，它具有对火焰监视、报警、自动定时吹扫及压力保护、灭火保护、自动切除燃料等功能。为防止内爆，除对炉膛和烟道的强度设计应考虑低烟气流量下引风机可能产生的最大抽力外，在控制系统上还应有炉膛压力信号传送给引风机控制系统，使其在负压过大时直接闭锁和减载，以降低内爆的可能性。

3. 烟道再燃烧

烟道再燃烧是指烟道内沉积大量可燃物质（煤粉或油垢），在一定条件下引起复燃的现象。

（1）烟道再燃烧的原因。煤粉过粗，不完全燃烧热损失增大，以致烟气携带可燃颗粒多；锅炉启停时，炉膛温度低，容易使可燃物沉积于烟道中，加之锅炉启停时烟道中氧量较多，就容易引起烟道再燃烧。对燃油锅炉，燃油杂质多，黏度大，以致供油不均、雾化质量不高，致使烟气携带较多的炭黑粒子或油的细小微滴。特别是频繁启停的燃油锅炉，发生这种事故的可能性较大。另外，烟道吹灰不及时，未燃尽的可燃物在烟道中堆积，也会造成烟道再燃烧事故。

（2）烟道再燃烧的现象及处理。烟道再燃烧的现象：过热汽温、再热汽温、省煤器出口水温、热风温度等全部或部分上升；蒸汽流量和蒸汽压力均下降；炉膛燃烧不稳，烟道和炉膛负压波动大或出现正压；烟道阻力增大；从烟道或引风机不严密处向外冒烟或火星；引风机的轴承温度升高；烟道内烟温和排烟温度急剧上升；氧量表或二氧化碳表指示不正常；烟囱冒黑烟等。

当发生烟道再燃烧事故时，如遇汽温和烟温异常升高，而汽压和蒸汽流量有所下降，则应检查燃烧情况，看燃烧器出口喷出的煤粉是否燃尽；一次、二次风配比是否适当；油喷嘴雾化是否良好。若为煤油混烧，可将油或煤粉停掉，改为单一的燃烧方式。决不可增加燃料量，必要时可降低负荷运行。若汽温和烟温骤增，确认为烟道再燃烧时，则应立即停炉，停止引风机运行，关闭烟道挡板及其周围各门孔，关闭一次、二次、三次风挡板，打开空气预热器的再循环风门，以冷却空气预热器，打开省煤器的再循环门，打开过热器疏水门，向烟道通入蒸汽进行灭火。

（3）预防措施。①油枪投用前应逐个试点火，点火成功后再调试自动点火，避免盲目试点火；②点火不着，10~30s 内停枪，最好退出油枪，倒出管内存油，以免残油入炉；③用好油枪根部风，保持油枪冷却，维持油枪良好的雾化功能以控制低负荷阶段油雾的完全燃烧；④锅炉点火前，空气预热器蒸汽吹灰、水冲洗（或消防水）装置必须投用（有的水冲洗装置在预热器停转后不能覆盖全部受热面，应该改进）；⑤发现排烟温度异常升高等再燃烧现象时，要及时正确处理，确保省煤器与钢结构的冷却，防止事故扩大；⑥长期低负荷燃油，要考虑热碱水冲洗方案。

（三）锅炉爆管

（1）锅炉爆管的危害。锅炉爆管是锅炉各金属受热面的管子在运行中爆漏的现象。锅炉受热面主要是水冷壁管、过热器管、再热器管和省煤器管，常称为四管。由于它们承受高温、高压，一旦爆漏即会迫使锅炉非计划停运，每次修复时间至少在三天以上，直接和间接损失都很大。锅炉爆管是常发事故，约占全厂事故的 1/3，因此，防止或减少爆管是火力发电厂反事故的主要内容之一。

（2）锅炉爆管的原因。①锅炉制造、安装、维修、运行不当均可使锅炉承压部件过早损坏。错用钢材、焊接缺陷、杂物遗留管内等制造、安装质量问题曾严重影响锅炉的可靠运行，锅炉汽包集中下降管管座裂纹曾导致多台锅炉汽包挖补修理。至今汽包炉省煤器联箱管座角焊缝、直流炉水冷壁联箱管座角焊缝、超临界锅炉水冷壁鳍片管对接焊缝的焊接缺陷仍是新炉故障的重要原因。②结构设计不当。如管子膨胀受阻，相互碰磨或振动，使其承受交变应力，产生机械疲劳损坏。③运行失控使管子壁温超过钢材允许的温度而过热损坏，如炉膛火焰偏斜，炉内结渣，热负荷偏差大，管屏、管子之间热力偏差、水力偏差大，受热不均匀，调温手段不完备，水循环破坏或严重缺水都会使管子过热。炉膛出口烟温过高或形成烟气走廊，会使过热器、再热器长时间超温等。④烟气流中的灰料或吹灰气流直接冲刷受热面而引起磨损，其中以省煤器管磨损最突出。⑤给水、锅水质量不合标准，使管内壁结垢、腐蚀等。⑥燃用含有较高的硫、钠、钒、氯成分的燃料以及管壁金属温度过高，在热负荷集中区域易发生向火侧的调温腐蚀，这种情况以水冷壁管为最突出。⑦管材石墨化等。

（3）防止措施。防止爆管是一项难度较大的综合性工作，首先应从结构设计、制造及安装工艺着手，保证质量。尽可能地避免因结构不当和所选用的炉型、燃烧方式与实用燃料不符而带来的各种问题。所使用的管材应符合设计要求并经检验合格。在高压下工作的焊缝应做百分之百无损检测，不合格的应返工处理。在安装过程中应认真执行分部验收、通球试验、水压试验、煮炉清洗及吹管等工作。对于因设计、制造、安装责任而引起的爆管事故也应予以考核，并反馈信息以利于改进工作。其次是在运行中应保护良好的炉内空气动力场，使炉内温度及热负荷均匀，火焰不冲刷炉壁，并通过对燃烧器的各种可调手段（挡板、摆角等）维持合理的风速、风量比，使炉膛出口烟温在规定范围内。认真监督汽水的品质，保证在启动及运行中汽、水质量合格。停用锅炉应予防腐。炉膛应加强预防性的检查（包括对管子的外壁检查和割管检查），发现有管内结垢、外壁磨损减薄、腐蚀、胀粗、氧化、石墨化、裂纹和机械性能降低并超过或低于规定要求时，应即时处理或换管。

四管以外的承压管件爆漏事故相对较少，但其中下降管、导汽管及联箱、汽包、主蒸汽管道、给水管因材质老化、应力裂纹、蠕变损伤等而爆漏的危害性更大，应加强监督检查工作。

（四）锅炉辅机故障

锅炉辅机故障，包括送风机、引风机、磨煤机、排粉机、一次风机、捞渣机、回转式空气预热器等转动机械卡转、振动、烧瓦等，此类故障约占锅炉机组故障停用次数的 10% 左右，直接影响锅炉的安全运行。现以风机故障为例，说明辅机故障的现象、原因及处理办法。

1. 风机故障的现象

（1）风机振动过大。从转子或轴承处感受到强烈的振动，用振动表测量振动已超过正常值；有时有撞击和异声；有时还会有转子与外壳相碰或风机轴与外壳轴封相碰的现象。

（2）轴承温度超高。用手摸轴承盖时，会感觉到较正常时烫手，轴承温度超过正常允许值。

2. 风机故障的原因

（1）风机振动的主要原因是检修时找平衡和中心不准确；运行中焊在叶轮上的平衡块脱落；叶片磨损或积灰严重，失去平衡，严重时会造成引风机叶片飞出事故；轴承磨损严重使轴与轴瓦之间的间隙过大；滚柱（或滚珠）轴承损坏；两侧进风时，两侧挡板调节不一样或某一侧烟道堵灰，以至两侧进风相差过多；轴承的螺母或地脚螺母松动，轴承支架不牢固，叶片变形等。

（2）轴承温度超高的原因是轴承安装、检修质量差，如轴与轴承安装不正、轴瓦间隙过小、轴与轴瓦有缺陷等；油质低劣或缺油，如润滑油质不良，油位过高、过低或缺油等；冷却水中断或阻塞，风机阻塞，风机振动过大；对引风机还可能是因排烟温度过高等。

3. 风机故障的处理

（1）如果风机所发生的振动还未危及设备安全时，则应降低风机的出力，并加强监视，如风机发生振动、摩擦和撞击加剧，应停止风机运行，并设法消除故障。

（2）如果轴承温度超过正常值，应检查轴承内是否有油，油位是否正常，冷却水是否畅通；若换新油，增加了冷却水后，温度还继续升高，则应停止风机运行。

（3）如果风机发生强烈振动、撞击和摩擦，而且轴承温度超过规定值，并继续升高时，应立即用事故按钮停止风机运行。此时应用手指按住事故按钮不放，以免监盘人重新合闸，使事故扩大。

（4）如果锅炉有两台风机，其中一台备用，则当运行中一台故障时，应立即投入备用风机，停止故障风机。如两台风机同时运行，而其中一台有故障时，应尽可能增加另一台出力；若不能满足锅炉负荷，则应降低锅炉负荷。

二、汽轮机典型事故及处理

汽轮机的事故是多种多样的，其发生的原因也是多方面的。除了由于设备结构、材料、制造时存在缺陷，安装检修质量不良等原因外，有很多事故是由于运行维护不当而造成的。

常见的典型事故有汽轮机超速、动静部分碰磨、叶片损坏、凝汽器真空下降、油系统工作失常、水冲击、油系统着火、振动异常等。

（一）汽轮机超速

1. 汽轮机超速的概念

汽轮机超速指的是由于汽轮发电机突然甩负荷或其他原因使机组转速飞升达到超速保护动作值。转速超过汽轮机超速保护动作值仍继续飞升的称严重超速。超速保护定值为额定转速的 $111\%\pm1\%$，附加超速保护定值为额定转速的 $112\%\sim115\%$。机组超速表明汽轮机调节系统有故障。严重超速可造成机组损坏。

2. 汽轮机超速的原因

汽轮发电机甩负荷，汽轮机调节汽阀未能及时关闭或关闭不严，均可引起超速。在机组具有超速隐患的条件下，若超速保护或主汽阀拒动，任一因素均可造成机组的严重超速。蒸汽从抽汽逆止门倒流入汽轮机内也可引起机组超速。调节、保安系统设计或调整不当，调节保安部套卡涩，汽阀严密性差以及运行人员失误操作等是造成调节、保安系统工作不正常，引起机组超速的主要因素。

3. 防止措施

防止超速的措施主要有以下几点：①认真进行调节、保安系统各项常规试验；机组大修后应进行调节系统静态试验；液压调节系统速度变动率为 $3\%\sim6\%$ 之间，迟缓率不大于 0.2%；电气调节系统速度变动率为 5%，迟缓率（包括执行机构）一般小于 0.1%。新机组投产后要求进行调节系统动态特性试验；运行中应进行汽阀活动试验以及危急保安器试验，定期检查汽阀的严密性。②合理调整和设定调节、保安系统各项定值。③加强对蒸汽品质的监督，防止蒸汽带盐使汽阀阀杆结垢，油中带水使调节、保安部套锈蚀卡涩。④加强对检修、运行、维护和管理人员的培训工作。⑤解列发电机时最好采用先手动脱扣，确认发电机电流倒送，再解列发电机，以避免由于汽阀不严或卡涩造成机组超速或严重超速。

（二）动静部分碰磨

1. 动静部分碰磨的概念

动静部分碰磨是指汽轮机在运行中因受温度、外力、振动等因素的影响，使转子和汽缸之间的径向间隙或轴向间隙消失而发生碰磨的事故。

碰磨是汽轮机启停过程中最常见的损伤事故，轻则汽封磨损，使汽封漏汽量增大，降低汽轮机效率，重则将引起叶片断裂、主轴弯曲，甚至造成汽轮机完全损坏。

2. 引起动静部分碰磨的原因

（1）引起径向动静间隙变化的主要原因有以下几点：①在启动过程中转子沿圆周方向受热不均匀，引起转子热弯曲；②汽缸上、下缸温差过大，引起汽缸拱背变形，使汽封部位间隙减小；③轴的振动，特别是通过临界转速时的振动；④转子和汽缸支承部位的热膨张差；⑤转子在轴承油膜作用下的抬高；⑥低压缸下缸上的轴承受汽温、真空度及凝汽器落水的影响，引起轴承位移；⑦转子和汽缸部件（汽缸本身、隔板套、隔板、静叶）的径向热膨胀差；⑧重量和机械力的作用使汽缸产生的变形。

（2）引起轴向动静间隙变化的主要原因有以下几点：①启动过程中，转子受热膨胀快于汽缸，而停机时转子冷却速度也快于汽缸，所以产生较大的热膨胀差；②运行中轴向推力的变化，引起转子沿轴向发生位移；③转子在离心力作用下，由于材料的泊桑效应，当转速升高时转子轴向收缩，转速降低时转子相对伸长；④由于压差作用，隔板产生弹性挠曲，使通流部分轴向间隙的变化与负荷大小成比例；⑤重力、压力和机械力作用受阻，使汽缸弹性变形；⑥汽缸上、下部出现过大温差时，汽缸热弯曲使汽封套和隔板套相对转子的叶轮发生偏斜。

3. 防止措施

防止动静部分碰磨的技术措施有：①根据机组的结构特点及运行工况，合理地设计和调整各部位的动静间隙；②认真分析转子和汽缸的膨胀特点和变化规律，在启动、停机和变工况时注意对胀差的控制和调整；③在机组启停运行中，应严格控制上、下缸温差、蒸汽参数的变化、监视段压力及轴的窜动；④在运行中防止水冲击，停机后严密监视转子晃动度和振动，不得在超限情况下强行启动。

（三）机组振动

1. 机组振动的概念

机组振动是指发生在汽轮发电机组轴系上的振动，有弯曲振动和扭转振动两种。汽轮发电机组是高速转动机器，运行中因种种原因会使机组发生振动。过大的振动将对设备造成严重危害，故振动容许值随机组参数和容量的增大而趋于严格。

2. 机组振动的原因

引起机组振动过大的主要原因有以下几种。①转子质量不平衡。这是由零件飞脱、破损、腐蚀不均、磨损、结垢或平衡重块移动或转轴弯曲引起的，其特征是振动频率与回转频率一致且与负荷大小无关。②中心失常，即由于转子找中心时没找正，或联轴器缺陷造成偏心，或由于基础不均匀下沉、轴承磨损、缸体变形等引起，其特征是振动含有倍频分量。③动静摩擦。造成摩擦的原因有动静部件存在膨胀差，静止部件（汽缸、隔板等）变形，进湿蒸汽或水，管道推力使汽缸变形、移动或动静间隙安排不当等，其特征是振动频率有倍频以上的高频成分且振幅不稳定。④转子-轴承失稳，由油膜失稳或汽流激振引起，其特征是振动频率与转子第一临界转速相符。⑤共振振动，由转子中心孔有油或水、转子紧套件松动、齿式联轴器齿牙磨损、轴承座紧固螺栓松动或部件共振等引起，其特征是振动随运行工况变动。⑥由两极发电机转子直径方向刚度不对称所引起的振动，其特征是振动有倍频成分，且转子通过一半临界转速时振动有明显峰值。

3. 对机组振动的处理

对运行中机组振动偏离正常值的处理，一般应慎重对待。振动偏离正常值而无明显变化趋向时，一般不要求立即停机处理，而仅要求尽快实施减振措施。因此，要求运行人员具有振动方面的知识和判断振动原因的能力。要不要停机，侧重在振动是否具有突发性。一旦振动超过容许值，若保护拒动，则应紧急停机否则会使事故扩大。

（四）水冲击

1. 水冲击的概念及其危害

水冲击是因水或冷蒸汽进入汽轮机而引起的事故。

水冲击会导致推力轴承损坏、叶片损伤、汽缸和转子因热应力裂纹、动静部分碰磨、高温金属部件永久性翘曲或变形，以及由此带来的汽轮发电机组振动，从而导致轴承、基础及油系统损伤等，是现代大型汽轮机发生较多且对设备损伤较为严重的恶性事故之一。

2. 引起水冲击的原因

所谓水冲击是指水滴与高速旋转的叶片相撞击。发生水冲击的根本原因是蒸汽带水。水的来源：一是汽包满水或减温用喷水过量，或主蒸汽及再热蒸汽管道在启动或低负荷时疏水不充分；二是汽轮机本身在启动过程中的冷凝水或正常运行中湿蒸汽的水滴，因疏水不当而滞留在机内；三是加热器、除氧器和凝汽器水侧管子泄漏，或汽侧疏水不畅，使水进入汽轮机。

3. 防止水冲击的措施

防止措施大致有以下几点：①过热器、再热器喷水减温系统选用高性能的喷水调节阀，并在减温水管路上设置闭锁阀，在主燃料切断、汽轮机跳闸或负荷低于规定值时应自动关闭。②选用高质量的给水调节阀和给水调节装置，防止汽包满水。③正确设计和安装疏水系统（见疏放水系统、汽轮机本体疏水系统）。④加热器、除氧器设置可靠的水位调节阀和高水位报警及保护装置。⑤在可能有水侵入处以及汽轮机内缸若干断面上、下装设监视热电偶，如发现上、下温差异常，则表示下部有水，应立即停机或进行相应处理。⑥加强对运行人员防止水冲击的训练。如疏水系统以及监视保护系统已设计安装完善，那么运行人员的精心监视和及时操作则是防止水冲击事故的关键。为此，运行规程应对此作出周密规定，特别是在启动、停机或低负荷运行时的疏水，以及正常运行时如何判断是否进水，有进水征兆时进行紧急处理的要求等。例如，当出现蒸汽温度急剧下降，管道振动，负轴向推力增大，金属温度骤降，机组异常振动等征兆时，应按规程规定迅速果断予以处理，尽可能地将危害减轻到最小程度。

（五）叶片损坏

大型汽轮机叶片的可靠性是一个十分复杂的问题，它涉及到空气动力学设计、机械设计及材料选用的标准等。据不完全统计，从 1970 年到 1985 年，全国至少发生 1061 起叶片事故。据资料记载，前苏联从 1975 年到 1985 年大概有 400 台从 160MW 到 600MW 运行机组末级叶片发生过裂纹和断裂事故。

发生叶片断裂，断落的叶片将夹在间隙很小的动静部分中造成碰磨，或断落的叶片在本级碰磨后，其残骸沿汽流进入后几级，造成动静部分碰磨，造成设备严重损坏。低压转子后几级叶片，特别是末级、次末级叶片，围带、拉筋等如断落甩出后，将打坏凝汽器上部铜管或钛管，造成凝汽器突发性泄漏，导致汽水品质急剧恶化。

1. 叶片损坏的现象

叶片断落、裂纹、围带飞脱、拉筋开焊或断裂、叶片水蚀等。当叶片损坏时，可能击坏凝汽器或加热器内部管子，导致凝汽器热井水位或加热器内水位增高，凝结水泵电动机电流增大，检测凝结水硬度及电导率有明显增加，同时引起汽轮机内部有异常响声，或者引起汽轮机转子质量不均衡，导致汽轮机组振动发生变化。

2. 叶片损坏原因

叶片损伤原因很复杂，有时是许多因素的综合，但其主要原因有：①叶片振动强度不合格，运行中叶片 A0 型或 B0 型振动频率与汽流激振力频率重合使叶片发生共振，或叶片虽没有发生共振，但由于叶片振动应力过大，均能导致叶片损坏。②叶片结构、连接结构、叶根结构设计或选择不当，使叶片承受应力过大或局部应力集中等，造成叶片损坏。③电网频率偏差超过规定范围，低周波疲劳（LCF）或长期低负荷运行条件下会使某些叶片发生共振，造成叶片损坏。④凝结水、给水、蒸汽质量低劣，叶片因氯化物的腐蚀作用而损坏。这种损坏多见于在干湿蒸汽过渡区或湿蒸汽区内工作的低压段叶片。⑤汽轮机水冲击、超速，造成叶片损伤。⑥材料性能不符合技术规范，或加工装配质量不符合工艺规范。

3. 对叶片损坏的处理

出现叶片损坏现象时应立即停机，防止事故扩大。有时叶片断落但运行中未觉察，在检修时才发现，有时叶片发生裂纹但尚未断落，则只能在大修中才能发现。所有这些叶片损坏都必须仔细分析原因，采取对策，予以修复。

叶片损坏多半由于振动特性和强度方面的问题。如因抗振强度不足，则需重新设计新型叶片；如为振动特性不合格，则需调频。采用阻尼拉筋或围带时，减振程度会大大提高，但装减振拉筋和围带后，会使级效率降低 0.5%。如为应力腐蚀或材质问题，则需改进蒸汽品质或改用合格材料的叶片。叶片损坏也可能纯属由外来原因造成，如低频运行或遭受水冲击，则解除故障后，照原样修复叶片便可安全运行。有时会发生整级叶片损坏，一时不易修复，往往采取摘除全级叶片的办法，只留整级叶片在槽内，使机组迅速恢复发电，但这种情况应进行通流部分核算，确定安全出力，不能使某些级的叶片过负荷。

（六）真空下降

真空下降的主要现象是真空表指示下降、排汽温度升高和凝汽器端差明显增大。对采用射汽抽气器的机组，还会出现主抽汽器冒汽量增大的现象。

对真空下降处理的原则是首先核对排汽压力和排汽温度，如确认真空已下降，则可根据真空数值调整负荷。同时，根据其他现象采取相应措施，排除故障，使真空恢复正常。

按真空降落速度的不同，真空下降可分为真空急剧下降和真空缓慢下降两类情况。

1. 真空急剧下降的原因及处理

（1）循环水中断。循环水中断的主要现象是凝汽器真空急剧降落，排汽温度显著上升，循环水泵电流到零或只有空载电流，凝汽器的循环水泵出口无压力差。其处理方法如下：

1）首先启动备用循环水泵（一般为联动自动切换），关闭事故水泵的出水门。若两台水泵都处于运行状态且同时跳闸，及时发现并未反转时，可强行合闸。强行合闸无效时，应关闭两台泵的出口门，启动邻近机组的备用泵供水。

2）若离心式循环水泵电流降至空载数值时，表明循环水泵虽在运转，但已断水。此时应查明原因并作如下处理：若是吸水池水位过低，应立即关闭循环水系统排水门并补充水源，待水位升高后重新启动；若是水泵吸水侧漏入空气，则应更换盘根，消除漏汽点，同时启动真空抽气。如果水池水位不低，则应检查入口并清理杂物，然后重新启动。

（2）低压轴封供汽中断。低压轴封供汽中断时，将有空气从轴封间隙处漏入排汽缸，使真空急剧降低。轴封供汽中断的原因可能是在负荷降低时未及时调整轴封供汽压力，致使供汽压力降低，或可能是汽源压力降低，蒸汽带水造成轴封供汽中断，还可能是因轴封压力调整失灵所致。为此，在机组负荷降低时，要注意及时调整轴封供汽压力为正常值。若轴封压力调整器失灵则应切为手动，待修复后投入。若因轴封供汽带水而造成轴封供汽中断，则应及时消除供汽带水。

（3）抽气器的汽（水）源中断。射汽抽气器的汽源中断，可能是由于进气门杆脱落、滤网及喷嘴堵塞或误操作引起。若是设备故障则应及时切换备用抽气器；若是误操作引起则应迅速恢复。

射水抽气器断水，可能是由射水泵工作失常或水箱水位过低等原因引起，在查明原因后，采取相应措施处理。

（4）真空系统管道严重漏气。运行中真空系统管道严重漏气，可能是由于膨胀不均使真空系统管道破裂，低压缸安全门薄膜破损，误开与真空系统连接的阀门，误开真空破坏门等。若是真空管道破裂漏气则应通过找漏，查出破裂漏气点予以解决；若是阀门误开则应及时关闭。

（5）凝汽器满水。当凝汽器水位升高淹没抽气口后，空气不能被抽出，引起真空急剧下降。凝汽器满水可能是由于凝结水泵故障，或是因负荷增加时未开大主凝结水门，或误开再循环水门、软化水门而造成凝结水位猛升。此时应及时启动备用凝结水泵，根据负荷增加情况相应调节主凝结水出水门，关小再循环水门，使凝汽器水位恢复正常。

2. 真空缓慢下降的原因及处理

真空缓慢下降的故障在汽轮机运行中最容易发生。导致故障的因素比较多，查找比较困难。引起真空缓慢下降的主要原因及相应的处理办法如下：

（1）循环水量不足。其主要现象是真空逐渐下降的同时，循环水出口温度升高。造成循环水量减小的原因可能是循环水系统有关部位故障。当真空下降时，若凝汽器循环水的进、出口压力差增大，循环水泵出口和凝汽器入口水压均升高，则可判断是凝汽器管板部分被堵；若凝汽器循环水出口虹吸真空降低及凝汽器循环水进、出口压差变小时，表明凝汽器循环水出水管中聚集了空气或虹吸井水位太低，虹吸被破坏；如果循环水泵进口真空降低，则是循环水泵进口阀门法兰或盘根等处漏气。处理方法是：若是循环水泵吸水侧漏气，可调整水泵盘根、密封水以及拧紧法兰螺栓等；如果凝汽器管板部分被堵塞，可利用反冲洗、凝汽器半面清洗来消除；若是虹吸被破坏，则应投入抽气系统，重新恢复虹吸管的真空。

（2）抽气器工作失常。主要现象是凝汽器真空下降的同时，射汽抽气器出现排汽管冒白汽或水滴等现象。射水式抽气器出现射水泵的工作水温过高、射水泵故障等现象。

抽气器工作不正常时，应先检查抽气器的蒸汽压力或射水压力。若射汽抽气器的蒸汽压力降低，应调整汽阀提高汽压；若抽气器喷嘴前压力升高，可能是喷嘴堵塞，应进行冲洗或清理。对于射水式抽气器应检查射水泵的工作情况并作相应处理。对于射汽抽气器，若汽压无异常，则可能是抽气器的冷却水量不足，致使工作蒸汽不能充分凝结，冷却器内汽压升高，湿度上升，排汽管冒出大量蒸汽。此时应开大凝结水再循环水门，必要时向凝汽器补充软化水以增大冷却器水量。如果发现冷却器水位升高，疏水量增多，而且疏水温度降低或抽气器排气口喷出大量水滴或白汽时，则可确定是冷却器水管破裂或管板上胀口松弛引起漏水。此时应迅速启动备用抽气器，停止故障抽气器。如果冷却器的疏水管不通畅或疏水器失灵，也将引起冷却器水位升高，应立即消除；若是疏水门误关小，应立即开大。

（3）凝汽器水位升高。凝汽器水位升高可能是由于凝结水泵入口汽化（凝结水泵入口汽化的象征是凝结水泵电流指示数减小）、软水门未关、备用凝结水泵的逆止阀损坏以及凝汽器铜管破裂等原因造成的。凝汽器水位升高时，若关闭备用凝结水泵出水门后水位不再升高，则表明备用泵的逆止门损坏，严重漏水；若是凝汽器铜管破裂漏水，则可通过检查过冷却度和化验凝结水质来鉴别；若凝结水硬度和过冷却度变大则表明铜管漏水。处理方法是：若是凝结水泵汽化或损坏，则应迅速启动备用凝结水泵，停止故障泵；若是备用泵的逆止阀损坏漏水，则关闭出水门更换逆止阀；若是凝汽器铜管漏泄，可降低负荷，停止半面凝汽器，查漏堵管。

（4）真空系统管道及阀门不严密漏气。真空逐渐下降时，凝汽器端差值增大，应检查抽气器，若抽气器工作正常，则表明真空下降是真空系统或阀门不严密漏气所致。

当真空系统漏气不太严重、且漏气量与此时抽气器的最大抽气量相平衡时，则真空降至某一数值后就不再继续下降。为了消除漏气点，对真空状态下的各个法兰、阀门、水位计等部件应按系统逐个仔细查找并加以消除。此外，因低压抽气管道或汽缸法兰结合面不严密产生的漏气也可能引起真空下降。真空下降程度是随负荷变动而变化的，即负荷降低时真空亦降低，负荷增加后真空又恢复正常。对此，应尽量维持机组在高负荷下运行，待停机检修时再消除缺陷。

（5）凝汽器冷却表面污脏。凝汽器冷却表面污脏会使真空逐渐降低，其现象是随污脏日益严重，凝汽器端差逐渐增大，抽气器抽出的空气混合物湿度亦随之升高。经过真空严密性试验证明凝汽器漏气量并未增加而又有以上现象时，就可确认真空下降是由凝汽器表面污脏所引起，应及时进行清洗。

（6）运行中的误动。在运行中，如出现未关闭空气门、进水保护误动，加热器、除氧器事故疏水阀误开，水封阀密封水门运行中误关等现象，则应立即关闭上述各阀门，使真空恢复正常。

（七）油系统事故

汽轮机油系统用于供给轴承润滑及调速系统用油。若油系统发生故障而又处理不当，可能造成轴承的烧毁、以致损坏设备，或使调速系统失灵、对负荷失去控制，严重影响汽轮机运行的安全。

1. 主油泵工作失常

（1）主油泵工作失常的原因。齿轮式主油泵工作失常是由于机械部分损伤或损坏（如齿间间隙不当使齿轮啮合不良，传动装置磨损及螺丝松动等）所造成的。离心式主油泵则可能由于射油器工作失常，使主油泵入口油压降低，进油量减少甚至中断，致使油泵工作失常。

主油泵工作失常的现象主要是油系统油压降低，供油量减少及泵内出现不正常音响。

（2）主油泵工作失常的处理办法。主油泵故障的处理方法是：运行中发现上述现象时，应立即启动高压辅助油泵维持油压，若油压降低至规定值时应紧急停机。若只是主油泵声音不正常，应进一步监视油压，并仔细倾听油泵各部分声音，若声响再继续增大并发现有金属摩擦声时，应启动辅助油泵，紧急停机。若是由于油系统有空气使射油器工作不正常而影响主油泵工作时，应启动高压辅助油泵，维持油压，待排除空气后，停止辅助油泵工作。

2. 油系统漏油

油系统的管道、阀门、冷油器等部件，可能会由于安装检修不良，机组振动及误操作等原因引起油系统漏油。其现象是油箱油位降低或油压下降，或油箱油位及油压同时下降。由于漏油地点不同，现象也不一样。

（1）油箱油位、油压均降低。此现象表明主油泵压力侧外部管道发生严重漏油，可能是外部压力油管破裂、法兰结合面不严密或冷油器铜管泄漏等原因造成。此时应立即进行以下工作：检查主油泵出口外部的调速和润滑压力油管及法兰，消除漏油点，并向油箱补油至正常油位；检查冷油器出口冷却水，若有油花，说明冷油器铜管漏油，应迅速启动备用冷油器，停止漏油的冷油器。

（2）油位不变但油压下降。其原因可能是主油泵工作不正常，主油泵压力油管短路，主油泵吸入侧滤网堵塞或轴承箱、油箱内部压力油管漏油。若经检查主油泵正常、油泵进油滤网也未堵塞时，则可能是辅助油泵的逆止阀和安全阀泄漏，使压力油经上述阀门漏回油箱；也可能是前轴承箱内压力油管漏油直接流回油箱。处理的方法是：立即启动辅助油泵，保持油压在正常数值，查明漏油的原因后及时予以消除。

（3）油压不变而油箱油位降低。发生此情况时，首先查看油箱油位指示器是否失灵，如若油位指示器正常，表明油箱油位确实下降。此种故障可能是油箱及其连接油管及轴承回油管等漏油，或误开油箱上的放油门造成的。查明原因后应迅速处理并补充油至正常油位。凡属油系统漏油，经采取各种措施仍不能消除时，在油位降至最低油位前应启动辅助油泵，进行故障停机。

为保证正常油位，应做到以下几点：①在油箱滤网前、后安装油位计和油位高、低信号报警装置。当滤网前、后油位差超过 30mm 时，应清扫滤网。②发现油位下降时，应及时补油。若油位下降较快，应迅速查明漏油点并及时消除。③氢冷发电机密封油系统与润滑油系统相连时，需检查密封油系统是否有油漏入发电机内。④一般情况下不应从冷油器放油门取油。油箱底部取油样后要将放油门关严。⑤油箱事故放油时，应取下手轮或加锁防止误开。

3. 轴承油温升高

轴承油温升高有两种情况：即仅某一个轴承的油温升高和所有轴承油温均升高。

引起汽轮机组某一个轴承的油温升高的原因可能是：

（1）杂质进入该轴承，增大摩擦使轴承发热，油温升高；

（2）该轴承进油管滤网被杂物堵塞使油量减少，不能良好冷却而使轴承油温升高；

（3）轴瓦防转锁饼的销钉被折断，轴瓦转动，使轴承进油口与进油管偏离，进油量减少，甚至断油；

（4）产生轴电流并击穿油膜，一旦轴承回油温度升高至 70℃ 以上时，应紧急停机。

运行机组所有轴承温度都升高时，首先应检查润滑油压和油量，若均正常，则可以确认是冷油器工作失常所引起。譬如，冷油器操作顺序错误、切换冷油器时未放净空气、冷油器冷却水量不足、冷油器脏污传热不良或夏季冷却水温过高等，都可能导致上述故障发生。对此应查明原因及时进行处理。若是冷却水量不足引起油温升高，就应增加冷却水量。上述情况的出现，也有可能是主油泵发生故障造成的，此时应启动高压辅助油泵，并准备紧急停机。此外，也可能是油系统中积存有空气，使射油器工作不正常，导致主油泵进油中断，出口油压不稳定，而润滑油泵又没有联动，甚至造成所有轴承发生缺油、断油。

为防止轴承缺油断油事故，应采取如下预防措施：

（1）冷油器油侧的进、出阀门应挂有明显的禁止操作警告牌。运行中进行切换冷油器或滤油器等操作，必须由有经验的负责人在场监护，并密切注视油温、油压、油流变化，避免因误操作造成断油烧瓦事故。

（2）当启动机组，定速停止高压辅助油泵时，要缓慢地关闭出口门，并注意监视油压变化。若发现油压降低，应立即开启高压辅助油泵出口门，然后分析原因，采取对策。

（3）交、直流润滑油泵和低压保护装置应定期试验，保证能可靠投入。

（4）冷油器出口等润滑油压力管道上尽量避免装设滤网。

4. 高压辅助油泵失常

高压辅助油泵一般在启、停机过程中运行。引起高压辅助油泵发生故障的原因，可能是油泵内部损坏或进油管堵塞，或高压辅助油泵的原动机工作失常。高压辅助油泵工作失常时，应根据具体情况处理。

（1）启动时发现高压辅助油泵声音不正常，但无金属摩擦声，且油压能达到正常值时，则可维持运行，直至主油泵投入工作后将其停止并查明原因。

（2）在启动升速最后阶段，高压辅助油泵出现故障且油压降低时，则应迅速提高汽轮机转速，使主油泵投入工作，保证油系统的正常油压，然后停高压辅助油泵。

（3）若停机过程中高压辅助油泵出现故障，在条件许可的情况下，可将转速提升至额定值，维持空负荷运行，然后将辅助油泵停下检修。如果汽轮机转速已降得很低，或是事故停机时，则应启动低压电动油泵供油，维持润滑油压。

5. 油系统进水

此种故障一般是因汽轮机高压轴封段漏汽压力过大或轴封供汽压力调整不当，使蒸汽通过轴承的挡油环进入油系统而造成的。油系统进水后，将引起润滑油乳化，腐蚀调速系统的各个部件，导致调速系统发生事故。

运行中为防止油系统进水，可采取以下措施：

（1）保持冷油器油压大于水压，防止铜管泄漏时水渗漏到油中。

（2）将高压轴封间隙调到适当数值，保证轴封漏汽管通畅，轴封压力调整器可靠，能按规定压力供汽。若轴封片磨损、间隙增大时应设法修复。

（3）定期化验油质，发现油中有水时，应及时滤油。向油箱补充新油时，应通过滤油机慢慢注入，避免杂质进入。

（八）高压加热器停运

在机组运行中，高压加热器因某些特殊原因需迅速退出运行，所以"高加"系统均装有保护装置，在保护动作、"高加"自动退出运行后，给水温度会大幅度下降。受其影响，汽包锅炉的饱和蒸汽减少，过热器出口温度升高，经过调整能够保证汽温在允许范围内，不会产生较大影响。直流锅炉则不同，因其设备结构的特点不能缓解给水温度下降带来的影响，需很快进行调整才不会影响机组的运行稳定。

1. 高压加热器停运原因

（1）高压加热器水管泄漏或爆破时，加热器侧水位升高，保护动作。

（2）高压加热器保护误动。

（3）高压加热器发生严重缺陷时，人为紧急停运。

（4）高压加热器的汽、水管道或阀门爆破而大量泄漏，导致紧急停运。

（5）直流锅炉对给水温度变化比较敏感，除高压加热器停运会导致给水温度降低外，其有关汽水管道阀门爆破，使蒸汽量减少或给水量增加也会导致给水温度下降。

2. 高压加热器停运产生的影响

（1）高压加热器突然停运时，由于汽轮机的抽汽量减少，机组出力突然增加，尤其在满负荷运行时极可能造成机组过负荷。

（2）汽轮机高压缸排汽量增加，锅炉再热器出口压力升高，满负荷运行或出力不足时，再热器安全门动作或低压旁路阀自动打开。

（3）在直流锅炉中，工质在受热面内依次完成预热、蒸发、过热三个阶段，其分界点不是固定不变的，而是随工况的变化而改变的。当给水温度降低时，由于预热段的延长、蒸发段的后移，使得过热段缩短，最后结果是主汽温度降低，这与汽包锅炉在给水温度降低后蒸汽温度升高是截然相反的。

3. 高压加热器停运后的处理

（1）高压加热器全部停运，须及时降低锅炉负荷至规定值（理论计算或运行经验数值）以下，尽快恢复汽压正常，防止汽轮机负荷超限或锅炉安全门动作。

（2）为避免处理中对机组功率及锅炉燃烧工况造成不必要的扰动，可保持燃料量不变，根据给水温度的下降幅度，按比例减少给水流量。

由于锅炉设备本身有一定的蓄热，低温给水迫使受热工况发生改变需要一定的时间，所以给水流量的减少不应与给水温度的下降同步进行，而应滞后一段时间。一般待省煤器出口温度发生变化后再减水较为适宜，滞后时间和减水比例与机组负荷、高压加热器停用情况和给水温度下降速度有关。应根据机组特点，用实验方法总结出规律性的数据，以便运行人员掌握。

（3）当给水自动不能满足水量调整需要时，应及时切换为手动控制给水量。

（4）根据过热器系统各监测点温度的变化，调整减温水量，保持主汽温度正常。调整时不可大量增减减温水，以防止汽温大幅度或频繁变化。

（5）给水管道爆破时，由于给水压力剧降，锅炉给水量会大量减少，应开大给水调整门，同时应根据水量调整和保持锅炉负荷。当不能满足锅炉最小流量时（额定流量的30%），应紧急停止锅炉的运行。

三、热控装置故障及预防

大型机组热控装置以 DCS 为主体，DCS 是机组启停和运行的中枢系统，包括计算机系统硬、软件，测量元件、开关、变送器、电缆、显示器以及执行机构等组成，系统复杂。系统中任一环节出现问题，均会导致系统部分功能失效或引发系统故障、机组跳闸，甚至损坏主设备。据统计，1995 年热控装置事故共 29 起，1996 年热控装置事故 50 起，且机组投产后，前 2~3 年热控装置故障多，运行 4~5 年后的机组热控装置故障比较少。

热控装置故障的预防有以下几点。

（1）加强对热控装置的维护和管理。热控装置特别是 DCS 应有良好的接地系统，合理的电缆屏蔽，抗系统干扰符合要求，以免控制系统误发信号；仪用压缩空气不能和其他空压系统混用，气压、含尘含水含油等指标达到设计要求；检修时推行"热控工作票"制度。

（2）做好热工保护连锁试验是防止保护误动、拒动的必要手段。大小修和日常定期维护要规定试验项目，连锁试验可分级管理，班组负责一般辅机保护连锁试验，车间组织主要辅机保护连锁试验，厂级组织机、电、炉大连锁和汽轮机保护试验、锅炉保护试验等。连锁试验应在现场模拟工作条件下进行，严禁在控制柜内输入端子处进行模拟试验。

（3）不能随意停退保护和修改保护定值。没有征得制造厂家同意并经电厂生产副厂长（或总工）批准，任何人不得擅自取消、退出保护或改动保护定值。特殊情况下，经批准临时退出保护，要限期及时恢复。

（4）加强对热工人员的技术培训。热控专业知识更新快，新技术、新设备层出不穷，技术培训十分必要。

四、发电机-变压器组主要故障及处理

(一) 励磁系统失磁故障

1. 引起励磁系统失磁的原因

同步发电机在运行过程中，可能会全部或部分失去励磁，其原因大致可分为以下几种。

(1) 励磁回路开路，励磁绕组断线。如：灭磁开关、接触器误跳闸，磁场变阻器接头接触不良，励磁回路开路，可控硅励磁装置中部分元件老化、开焊、损坏等。

(2) 励磁绕组长期发热，绝缘损坏，接地短路。

(3) 系统振荡，功率发生严重不平衡，系统吸收大量无功负荷，静稳定遭破坏，发电机组抢无功，原动机系统失灵或反应迟缓引起发电机失去平衡，振荡、失磁跳闸。

(4) 运行人员误调整，如：调节器运行方式不合理、投退操作开关失误、调整不及时、维护励磁碳刷方法不当等。

2. 失磁对发电机的影响

(1) 由于出现转差，在转子回路出现差频电流，在转子回路产生附加损耗，可能使转子过热而损坏，这对大型发电机威胁最大。

(2) 失磁发电机进入异步运行后，等效电抗降低，定子电流增大。失磁前发电机输出有功功率越大，失磁失步后转差越大，等效电抗越小，过电流越严重，定子会因此过热。

(3) 失磁失步后，发电机有功功率发生剧烈的周期摆动，变化的电磁转矩（可能超过额定值）周期性地作用到轴系上，并通过定子传给机座，使定、转子及其基础不断受到异常的机械力矩的冲击，引起剧烈振动，同时转差也作周期性变化，使发电机周期性地严重超速。

(4) 失磁运行时，发电机定子端部漏磁增加，将使端部的部件和边段铁心过热。

3. 失磁对系统的影响

(1) 失磁发电机由失磁前向系统送出无功功率转为从系统吸收无功功率，尤其是满负荷运行的大型机组会引起系统无功功率大量缺额。若系统无功功率容量储备不足，将会引起系统电压严重下降，甚至导致系统电压崩溃。

(2) 失磁引起的系统电压下降会引起相邻发电机励磁调节器动作，增加其无功输出，引起这些发电机、变压器或线路过流，甚至使后备保护因过流而动作，从而扩大故障范围。

(3) 失磁引起有功功率摆动和励磁电压下降，可能导致电力系统某些部分之间失步，使系统发生振荡，甩掉大量负荷。

4. 失磁的处理

(1) 当发电机失去励磁时，失磁保护正确动作，则按发变组开关跳闸处理。

(2) 若失磁保护未动作，且危及系统及厂用电的安全运行时，则应立即用发电机紧急解列开关（或逆功率保护）及时将失磁的发电机解列，并应注意高压 6kV 厂用电应自投成功，若自投不成功，则按有关厂用电事故处理原则进行处理。

(3) 在上述处理的同时，应尽量增加其他未失磁机组的励磁电流，以提高系统电压和稳定能力。

(4) 发电机解列后，应查明原因，消除故障后才可以将发电机重新并列。

(二) 发电机定子接地

只要证实确系发电机定子接地，应立即解列，断开励磁。证实接地所用时间愈短愈好，最多不超过 30min。

（三）转子一点接地

发生转子一点接地故障时，应申请尽快安排停机处理。虽然一点接地构不成回路，可以继续运行，但有可能发展成两点接地故障。两点接地时部分线匝被短路，会使转子电流增大，发热烧毁。

（四）冷却系统故障

水内冷发电机定子漏水，大多是因为端部聚四氟乙烯引水管和接头质量差，或固定不当，少数是因空心铜线有砂眼或裂纹。当水内冷发电机定子泄漏冷却水不严重时，若将水压降低而使漏水消失，可监视运行，并申请停机处理；若降低水压仍然漏水，则应减负荷停机。当定、转子漏水，并伴随定、转子绕组接地（检漏仪也发出信号）时，应立即停机。另外，水内冷发电机断水时间超过允许值时，也应停机。

漏氢和机内氢湿度过大是氢内冷发电机常见的故障。漏氢一般发生在端盖、气体冷却器、引出线的瓷套管、氢气分离器、密封油箱、用橡皮或封泥密封的结合处、螺丝连接处以及氢气管道的各种连接处。漏氢严重会引起氢气着火，还会引起发电机内部氢气纯度降低而气体系统中氧气含量增大，如遇排污管出口附近有火星则会造成氢爆。漏氢量大的原因主要是制造加工质量不良，结合面工艺粗糙不平整，其次是安装水平不高。机内氢气湿度大会造成绕组绝缘水平降低，易使发电机发生短路故障，还会加速转子护环的应力腐蚀。氢内冷发电机的氢压达不到额定值时，应降低机组负荷，如不能维持最低运行氢压，应停机处理。

大型强油导向循环冷却变压器，停止冷却系统（风扇、水泵、潜油泵全停）允许运行时间，在额定负荷时一般为20min。为保证正常运行，大型变压器强油循环冷却系统必须有两路可靠电源，互为备用，且自动连锁。

（五）发电机-变压器组内部短路

发电机-变压器组内部发生短路故障时，将伴随有冲击系统，表计摆，机组运转噪声突变，有短路弧光，发电机-变压器组主开关、灭磁开关和厂用电分支开关掉闸，备用电源自投，汽轮机甩负荷等现象。

如果发电机-变压器组内部发生短路，继电保护拒绝动作，发电机-变压器组的主开关不能自动掉闸，灭磁开关不能自动跳开灭磁，则故障将会扩大。此时必须手动断开主开关、灭磁开关及厂用电分支开关。当备用电源自投未动作时，手动强制送厂用电。锅炉和汽轮机按紧急甩负荷的各项步骤进行处理。

（六）变压器故障

1. 声音异常

变压器在正常运行时，会发出连续均匀的"嗡嗡"声。如果产生的声音不均匀或有其他特殊的响声，就应视为变压器运行不正常，并可根据声音的不同查找出故障，进行及时处理。主要有以下几方面故障：

（1）声音比平常尖锐。产生原因：电网发生过电压。电网发生单相接地或电磁共振时，变压器声音比平常尖锐。出现这种情况时，可结合电压表计的指示进行综合判断。

（2）间隙性的噪声。产生原因：变压器过载运行。负荷变化大，又因谐波作用，变压器内瞬间发生"哇哇"声或"咯咯"的间歇声，监视测量仪表指针发生摆动，且音调高、音量大。

（3）有杂音。产生原因：变压器夹件或螺丝钉松动。声音比平常大且有明显的杂音，但电流、电压又无明显异常时，则可能是内部夹件或压紧铁芯的螺丝钉松动，导致硅钢片振动增大。

（4）有放电声。产生原因：变压器局部放电。若变压器的跌落式熔断器或分接开关接触不良时，有"吱吱"的放电声；若变压器的变压套管脏污，表面釉质脱落或有裂纹存在，可听到"嘶嘶"声；若变压器内部局部放电或电接不良，则会发出"吱吱"或"噼啪"声，而这种声音会随离故障的远近而变化，这时，应对变压器马上进行停用检测。

（5）有水沸腾声。产生原因：变压器绕组发生短路。声音中夹杂着水沸腾声，且温度急剧变化，油位升高，则应判断为变压器绕组发生短路故障，严重时会有巨大轰鸣声，随后可能起火。这时，应立即停用变压器进行检查。

（6）有放电声。产生原因：变压器外壳闪络放电。当变压器绕组高压引起出线相互间或它们对外壳闪络放电时，会出现此声。这时，应对变压器进行停用检查。

2. 气味，颜色异常

产生原因：①防爆管防爆膜破裂：防爆管防爆膜破裂会引起水和潮气进入变压器内，导致绝缘油乳化及变压器的绝缘强度降低。②套管闪络放电，套管闪络放电会造成发热导致老化，绝缘受损甚至引起爆炸。③引线（接线头）、线卡处过热引起异常；套管接线端部紧固部分松动或引线头线鼻子滑牙等，接触面发生氧化严重，使接触过热，颜色变暗失去光泽，表面镀层也遭破坏。④套管污损引起异常；套管污损产生电晕、闪络会发生臭氧味，冷却风扇、油泵烧毁会发出烧焦气味。

另外，吸潮过度、垫圈损坏、进入油室的水量太多等原因会造成吸湿剂变色。

3. 油温异常

发现在正常条件下，油温比平时高出 10℃ 以上或负载不变而温度不断上升（在冷却装置运行正常的情况下），则可判断为变压器内部出现异常。主要有以下几种情况：

（1）内部故障引起温度异常。其内部故障，如绕组匝间或层间短路、线圈对围屏放电、内部引线接头发热、铁芯多点接地使涡流增大过热，零序不平衡电流等漏磁通过与铁件油箱形成回路而发热等因素引起变压器温度异常。发生这些情况时，还将伴随着瓦斯或差动保护动作。故障严重时，还有可能使防爆管或压力释放阀喷油，这时应立即将变压器停用检修。

（2）冷却器运行不正常所引起的温度异常。冷却器运行不正常或发生故障，如潜油泵停运、风扇损坏、散热器管道积垢、冷却效果不佳、散热器阀门没有打开、温度计指示失灵等诸多因素引起温度升高，应对冷却器系统进行维护和冲洗，以提高其冷却效果。

4. 油位异常

变压器在运行过程中油位异常和渗漏油现象比较普遍，应不定期地进行巡视和检查，其中主要表现有以下两方面。

（1）假油位：油标管堵塞；油枕吸管器堵塞；防爆管道气孔堵塞。

（2）油面低：变压器严重漏油；工作人员因工作需要放油后未能及时补充；气温过低且油量不足，或是油枕容量偏小未能满足运行的需求。

五、厂用电故障及处理

厂用电是指发电厂的自用电系统，包括了各转动机械的动力电源，照明电源，操作电源，热控和仪表用的交、直流电源，按电压等级又分 6kV、0.4kV（380V）、220V 几个系统。单元机组厂用电是重要的负荷，除正常的工作电源外，应具有备用电源。当工作电源故障跳闸时，备用电源应自动投入。若备用电源自动投入装置故障、备用开关拒动或厂用母线发生永久性故障致使备用电源自投不成功复跳时，将发生厂用电中断事故。为保证在故障情况下的正常供电，按用电设备的对称布置，分设左、右两侧系统和备用系统，但单侧电源中断也将会影响机组出力。

单元机组厂用电中断时，应酌情投油枪使锅炉稳定燃烧，回转式空气预热器不允许停转（用辅助动力源带动或人工盘转），保持锅炉出口参数稳定。此时如汽轮机很重要辅系统的备用设备联动投入正常，则应重点监视和控制主机运行工况。如果备用设备未自投则应按规定强投备用设备。当备用设备投入失败而危及主机安全时，应按故障停机处理。单元机组厂用电全部中断时，除积极恢复厂用电外，还应立即将单元机组的负荷减至零，将自动励磁切为手动，将各厂用电动机操作开关置于停止位置，防止水泵倒转，检查各主要参数是否在安全允许范围内。对真空系统、轴封系统、回热加热系统、冷却水系统等进行必要的切换操作，维持事故油泵正常运行，维持锅炉为正常停炉状态。一旦厂用电源恢复，重新点火，按设备状态重新带负荷运行。

（一）6kV 厂用电消失

1.6kV 厂用电消失的现象

厂用电源盘 6kV 母线指示回零。所有跳闸电动机电流表指示回零，红色指示灯灭，绿色指示灯闪光，事故喇叭响，光字牌显示跳闸设备。跳闸电动机停止转动。

2.6kV 厂用电消失的原因

电力系统、厂用母线故障；发电机、厂用变压器故障；电源故障后备电源未自动投入；人员误操作。

3.6kV 厂用电消失的处理

一侧电源消失，备用电源投入后，对锅炉运行无影响。若备用电源未自动投入，应迅速降低锅炉负荷，切换引风机、送风机挡板维持炉膛负压，投油助燃。若操作不及时或操作不当，则锅炉灭火。

厂用电全部消失时，锅炉灭火。

锅炉灭火后应立即将各跳闸电动机开关放至停止位置，关闭各风机挡板，停止制粉系统，切断燃油系统，监视给水泵应自动投入备用泵（若不能自动投入，可手动启动），保证锅炉供水，电源恢复后，逐步恢复机组运行。

（二）0.4kV（380V）电源消失

1.0.4kV（380V）电源消失的现象

0.4kV 电动机电流指示回零，红灯灭，绿灯亮，事故喇叭响，光字牌显示跳闸设备。

2.0.4kV（380V）电源消失的原因

厂用变压器或母线故障，备用电源未自动投入；人员误操作；保护误动。

3.0.4kV（380V）电源消失的处理

将各跳闸转动机械开关放至停止位置；自动调节器切换为手动；若电动阀在电源未恢复前需要操作，则到现场就地手摇；关闭各减温水门尽量维持汽温合格，汽包水位应保持略低些。

若在处理中锅炉灭火，则应按锅炉灭火处理。

（三）220kV仪表电源消失

1. 220kV电源消失的现象

所有仪表电源指示灯熄灭；记录表计停走；热电偶温度指示偏离正常值（温度补偿值）；热电阻温度指示回零；自动调整装置失灵；气动执行机构保持不动；各位置指示回零；热工信号不报警；光字显示牌熄灭。

2. 220kV电源消失的处理

通知电气或热工人员立即处理恢复电源。将各主要调节器改为手动控制；关闭气动执行机构进气门或用手锁装置固定在原位，维持锅炉负荷尽量不变；监视一次仪表或汽轮机进汽压力和温度变化，可短时间运行。

在处理过程中，如果主要仪表，如汽温、汽压、水位等长时间不能监视或汽温、汽压、水位超过允许值时应立即停止锅炉运行。

（四）给粉电源消失

锅炉给粉电源一般分两组分别供给，且相互供给备用系统。单组给粉电源故障，备用电源应自动投入。备用电源未能自动投入时应手动投入备用。其步骤是先拉开故障电源，后合上备用电源。

给粉总电源消失时锅炉灭火，则按锅炉灭火处理。

课题三　电力系统事故对单元机组运行的影响及处理方法

教学目的

了解电力系统事故对单元机组运行影响及处理方法。

现代电力系统的特点是大机组、高电压、大电网、交直流远距离输电、电网互联，因而其结构复杂、覆盖不同环境的辽阔地域。这样，在实际运行中自然灾害的作用、设备缺陷和人为因素都会造成设备故障和运行条件发生变化，因而电力系统还会出现其他非正常运行的状态。单元机组一般与直接电网相连，关系密切。因此电力系统事故对单元机组运行影响很大。

电力系统的事故主要有以下几种：

（1）线路，母线，变压器和发电机短路。短路有单相接地、两相和三相短路。短路又分瞬间短路和永久性短路。在实际运行中，单相短路出现的可能性比三相短路多，而三相短路对电力系统影响最严重，当然尤其严重的是三相永久性短路，这是极其稀小的。在雷击等情况下，有可能在电力系统中若干点同时发生短路，形成多重故障。

（2）突然跳开大容量发电机或大的负荷，引起电力系统的有功功率和无功功率严重不平衡，产生的振荡或解网。

（3）发电机失步，即不能保持同步运行。

电力系统事故对单元机组的运行主要有三个方面的影响。

1. 电力系统事故使机组频率异常

电力系统频率减低得不多，一般对机组本身影响不大。但一些重要的辅机（如给水泵、风机等）因频率降低、转速下降而影响出力，会限制机组的出力。系统频率下降幅度较大时（46Hz以下），高压以上机组调节汽阀因油压降低而自动关闭，致使系统出力更加短缺，引起系统频率进一步下降，形成恶性循环，导致整个系统瓦解。发生此类事故时，应使系统中的机组尽一切可能增加有功负荷，弥补系统出力不足。

当电力系统瓦解或突然甩负荷使系统频率升高，应迅速降低机组有功出力，避免系统失稳或机组超速。

2. 电力系统事故使机组电压异常

当电力系统突然甩负荷时，会使发电机电压升高。端电压升高是由两方面原因造成的：一是因为汽轮发电机转速升高，使电压升高（电势与转速成正比）；二是因为甩负荷时，定子的电枢反应磁通与漏磁通消失，使此时的端电压等于全部励磁电流产生的磁场所感应的电势。现代汽轮发电机组，一般装设电压自动调整装置，电压升高值并不大。有些机组虽无电压调整器，但电压升高值一般也不超过额定电压的 50%～60%，这个数值是汽轮发电机能够承受的。

发电机端电压升高，将使变压器和发电机的磁通密度增加，导致铁芯损耗加大，温度升高。由于端电压升高，将使设备绝缘受到威胁，甚至破坏。此时要进行发电机减磁，在励磁调节器自动调节投入运行时，可实现自动强减；在手动调节励磁运行时，要迅速减励，降低无功功率，但功率因数不得超过迟相 0.95。

电力系统事故往往使发电机电压较大幅度地下降，特别是当发生发电厂近区短路故障时，造成发电机机端电压严重下降和输出功率的降低。机端电压下降，一方面会使厂用机械出力急剧减小，可能造成锅炉灭火，机组停运；另一方面会使发电机送不出功率，剩余功率使发电机加速，发电机功率增大，甚至失步，导致系统稳定破坏，发生振荡。此时应进行发电机强励，快速提高励磁至顶峰电压，使发电机向系统提供大量无功功率，以消除振荡，将异步运行发电机带回同步，恢复系统稳定。

一般运行时，应尽可能保持励磁调整装置在自动投入状态。当自动调节部分因故不能投入时，则应切换到备用励磁运行。主励在手动状态运行时只能作为一种操作过渡状态，因为在这种运行方式下没有强励。如果此时电力系统发生事故，则应手动迅速增大励磁，减少有功功率，防止出现失步。在事故处理过程中，为保持系统稳定，也应尽可能让发电机多带无功功率，保持端电压在较高的水平上，必要时可降低有功功率，使发电机电流不致长期过载。

3. 系统短路对单元机组的影响

系统短路会产生较大电流，将对单元机组产生有害的巨大电动力，并引起发热。系统短路对单元机组的影响体现在以下几个方面：

（1）定子绕组端部受到很大的电磁力作用。这些力包括定子绕组端部与转子绕组端部相互之间的作用力以及定子绕组端部与铁芯之间的作用力。合力使定子绕组的端部向外弯曲，呈喇叭口状向外张开。受力最严重的地方是线棒直线段和渐开线的交界处。作用在整个端部面积上的力最大可达几十万牛顿。除上述的力外，同一相带绕组间产生的相互吸力也相当大，易引起端部切向位移。强大的作用力有可能使线棒外层绝缘破坏。

（2）转子轴承受到很大电磁力矩的作用。力矩可分为两种：一种是短路电流使定子、转子绕组产生电阻损耗的有功电流分量所造成的阻力矩，它与转子的转向相反；另一种是突然短路过渡过程中才出现的冲击交变力矩，这种力矩比前一种大。两种力矩都作用在发电机的转轴、机座和地脚螺栓上。

（3）引起定子绕组和转子绕组发热。发热量与短路电流的平方和流过时间成正比。由于短路电流衰减较快，大电流作用时间短，再加上大型发电机定子采用内冷，冷却效果较好，只要及时切除短路电流，机组发热是可承受的。但必须注意，当系统不对称短路时（两相、单相短路或两相接地短路），将有负序电流出现，在转子上将产生双倍频感应电流，有可能使转子局部过热而造成损坏。

系统短路还会使变压器绕组受到两个方向的作用力：一个是轴向作用力，将各绕组本身上、下两端压紧，其作用力可达几百吨；另一个是径向作用力，即高、低压绕组间的作用力，使低压绕组受到内压缩力、高压绕组受到向外拉伸张力，其作用力也可达几百万牛顿，可能造成绕组蹦断、变形或严重位移。

为防止系统短路对单元机组的损坏，机组应设置相应的保护作为系统的后备保护，以保证系统发生故障时，能及时、可靠地解列机组。如系统发生短路而保护装置均拒动时，应手动将系统解列。

系统故障引起发电机解列时，发电机因甩负荷使电压迅速升高，此时需自动或手动恢复发电机电压至正常值，汽轮机与锅炉也应按甩负荷作相应的动作。此时，可使机组转入仅带厂用电的运行方式。若汽轮机调速系统失灵，则可能会使转速上升，引起危急保安器动作停机。若转速超过危急保安器动作值时，危急保安器拒动，则将引起机组严重超速，此时应手打危急保安器，破坏真空紧急停机。

当自动主汽阀卡涩时，应强行将其关闭，并立即关闭电动主汽阀，破坏真空，紧急停机，待缺陷消除后才允许机组重新启动。危急保安器未动作时，在机组重新启动前，必须做危急保安器超速试验且试验应合格。

发电机甩负荷时，锅炉应切除部分或全部燃烧器，适当减少风量，必要时投入油枪以稳定燃烧，并将全部自动切为手动，保持汽压、汽温、水位正常，开启过热器疏水和向空排汽，开启旁路系统，做好重新带负荷运行的准备。当紧急停机时，应及时将厂用电倒至备用电源。对具有 FCB（快速甩负荷）功能的机组，发电机甩负荷时（电网故障），则可切换为带厂用电运行。

电网事故消除后，应按电力调度的命令，将单元机组重新并入电网，带负荷运行。

课题四　单元机组事故案例

教学目的

通过介绍单元机组几个典型事故案例，了解事故过程。

大容量单元机组事故种类较多，现仅介绍几个典型的事故案例。

一、锅炉缺水事故

1982 年 7 月 25 日，某厂 2 号炉（苏制 670t/h）大修后启动中压力在 12～18MPa 时，锅炉负荷 60t/h，差压水位表及差压水位记录表不能投入运行，电接点水位计因测量筒水脏也不能正常作为参考，靠司水手拨水位调整水位。司水监视云母水位计技术不熟练，未能准确报告水位，加之给水流量表因小信号切除无指示，调整给水操作失误，导致锅炉长时间缺水，烧坏 249 根水冷壁管，构成重大损坏事故。

事故原因：①水位保护不完整情况下启动，汽包锅炉水位保护是锅炉启动的必备条件之一；②多次判断失误，一再延误紧急停炉时机，扩大了事故，加剧了设备损坏程度。

二、锅炉后屏超温爆管事故

1995 年 2 月 18 日，某厂 6 号机负荷 200MW，9 时 25 分，6 号锅炉炉膛负压突然偏正，主汽温度升高，燃烧不稳，炉班长就地检查发现，炉膛上方甲侧过热器受热面有泄漏声，即降负荷至 150MW，由于后屏管壁超温严重，逐步降负荷至 110MW，10 时 55 分，炉膛负压大幅度波动，且后屏仍超温，6 号机滑停，12 时 10 分，6 号机负荷到零解列。（因停炉较迟，后屏超温时间长，留下了事故隐患）。3 月 18 日 20 时 48 分，6 号机负荷 150MW，6 号炉灭火保护动作熄火。20 时 55 分，锅炉点火成功，21 时 10 分，负荷恢复 150MW。在恢复过程中发现后屏过热器爆管，停炉临检，后经金相分析为短期大幅度超温造成严重过热所致。

事故原因：

（1）2 月 18 日锅炉前屏过热器受热面爆管时，因炉膛内有大量水蒸汽，炉膛温度降低，要保持一定的蒸发量，燃料量相对增加，且爆口处有大量蒸汽外泄，部分蒸汽短路，流经爆口后部过热器系统的蒸汽量减少，使单位过热蒸汽的吸热量增加，引起后屏管壁超温，虽未爆管却留下隐患。

（2）爆管时尾部烟道挡板和一级减温水使用不当。

（3）前、后屏联箱结构不尽合理，部分屏片进、出口联箱为一个联箱，中间采用隔板隔开（隔板用销钉固定），隔板与联箱内壁存在环型间隙，致使部分蒸汽短路，产生流量不均，引起后屏管壁超温。

（4）对于四角切圆燃烧方式的锅炉，其炉膛出口烟气存在较强的旋流余旋，炉膛出口存在较大的烟速不均，致使后屏处产生热力不均，引起后屏管壁超温。

三、汽轮机大轴永久变形事故

一台国产 N200—112.7/535/535 型中间再热凝汽式汽轮机，在某次热态启动冲转前，大轴晃动度超过原始值 0.09mm 以上，上、下汽缸温差 80℃。冲转后，低速振动明显增大，以为中速暖机会使振动好转，错误地升速。当转速达 1200r/min 时，机组强烈振动，但并没有紧急停机，而是降速暖机。随后又升速，转速达 1300r/min 时，2 号瓦振动达 0.12mm，高压前汽封摩擦冒火，前轴承晃动，这才紧急停机，惰走时间仅 2min。止转后，电动、水力盘车均盘不动转子。23min 以后用行车盘 180°1h 后，晃动值仍为 0.50mm，大轴已永久弯曲。开缸检查，发现 1~8 级动叶片铆钉头和隔板阻汽片在 90°范围内严重磨损，高压前汽封大部分磨损。

冲转前转子就存在热挠曲，上、下缸温差又很大，冲转后就发生了动、静摩擦，使振动增大。转速升高后，热弯曲越来越大，因而表现为强烈振动，降速仍不能避免摩擦，以致最终造成大轴永久弯曲。轴最大弯曲度达 0.70mm。

事故原因：

（1）没有严格执行规程，没有达到冲转条件就进行冲转是非常错误的。大轴晃动度和上、下缸温差严重超限，不应该冲转；

（2）低速振动增大时没有紧急停机，反而升速，中速时发生强烈振动又降速暖机，都延误了时间，扩大了事故，加重了机组的损坏。

四、汽轮机烧瓦事故

2002年10月16日，某电厂5号机组小修后按计划进行启动。13时，机组达到冲转条件，13时43分，达到额定转速。司机在查看高压启动油泵电动机电流从冲转前的280A降到189A后，于13时49分，盘前停高压启动油泵，盘前光子牌发"润滑油压低停机"信号，机组自动掉闸，交流润滑油泵联启。运行人员误认为油压低的原因是就地油压表一次门未开，造成保护动作机组掉闸，因此再次挂闸。14时14分，在高压启动油泵再次达到190A时，单元长再次在盘前停高压启动油泵。盘前光子牌再次发"润滑油压低停机"信号，由于交流润滑油泵联启未复归，交流润滑油泵未能联启，汽轮机再次掉闸。单元长就地检查发现五瓦温度高，油挡处冒烟，司机盘前发现六、七瓦温度高至90℃，立即破坏真空紧急停机处理。

事故后经检查，发现二、五、六、七瓦下瓦乌金不同程度烧损。五瓦处低压轴封轻微磨损，油挡磨损。解体检查高压启动油泵出口逆止门时，发现门板无销轴。

事故原因：①两次停高压启动油泵时均未严格执行运行规程的规定：检查高压启动油泵出口逆止阀前油压达到2.0MPa后，缓慢关闭高压启动油泵出口门后再停泵（实际运行泵出口逆止阀不严）。同时在停泵过程中未严密监视转速、调速油压和润滑油压的变化，异常情况下未立即恢复高压启动油泵。②在第二次挂闸前对高压启动油泵和交流润滑油泵的连锁未进行复归操作，造成低油压时交流润滑油泵不能联启。③高压启动油泵出口逆止门板无销轴，造成门板关闭不严，主油泵出口门经该门直接流回主油箱，使各轴承断油。总之，该事故是一起由于人员误操作引发的一般恶性事故。

五、发电机定子接地事故

某电厂1号机为国产100MW机组（TQN-100-2型），发生定子接地事故。事故情况是：发电机运行中出现接地信号，零序电压为100V，1min内即切换厂用电，但接地信号未消失，又对发电机电压回路进行检查，也未发现问题，随即申请停机检查。调度通知过高峰负荷后再停机，于是经过1.5h后停机。停机后查明，定子槽内半导体垫条窜出，刺穿上层线棒端部绝缘，经垫条向铁芯放电，A相第一分支并头套烧坏，定子线棒有严重变形，多处垫条外窜，端部绑绳松动、断、脱，垫块松脱，线棒绝缘有磨损、损坏现象。这次事故后，为彻底解决线棒绝缘问题，更换了全部线棒。经长达四个多月的停运，才修复投入运行。

这次事故说明了绝缘线棒防磨的重要性，同时，也说明了单元大机组定子接地不迅速停机的危害。调度没有迅速安排停机是错误的，扩大了设备的损坏程度。

一年半后，该机再次发生了定子接地，事故原因相同，为励侧13槽上层线棒转角处被窜出的半导体垫条刺穿绝缘，经半导体垫条接地造成的。这次由于停机及时，发电机损坏并不严重，仅对绝缘作局部处理即恢复运行。通过检查发现定子线棒仍有磨损的现象，在后来的发电机大修中，又重新进行防磨固化工艺处理，较好地解决了线棒磨损的问题。

六、发电机失磁事故

某电厂5号发电机组是从前苏联进口的215MW机组，发电机出口电压为15.75kV，采用单元制接线，经升压变与220kV系统相联。1995年对该发电机保护和励磁系统进行了国产化改造，将原保护改为微机保护，将原励磁系统调节器更换为微机调节器，而励磁方式仍沿用前苏联设计，为两极同轴励磁，励磁机采用自励恒压方式作为发电机的他励电源。

2004年1月24日11：00，5号发电机运行工况为：有功190MW，无功30MW，发电机转子电压210V，发电机转子电流1620A，励磁机定子电压520V，励磁机定子电流1600A。

11：13，控制室内发出警报，发电机灭磁MK开关跳闸，励磁机灭磁LMK开关、6kVA段分支6501开关、B段分支6502开关和发变组高压侧2205开关未跳闸，机组没有解列。发电机有功负荷在155MW至175MW之间摆动，无功负荷降至−180MW，发电机转子电流为0，发电机定子电压降至11kV左右，5号炉1、2号排粉机跳闸，锅炉灭火。

值长令减负荷至0后，拉开6501开关和6502开关，6kVA段备用分支6051开关和B段备用分支6052开关联投成功，倒备用励磁机，合发电机MK开关，发电机升压至额定值。

运行人员立即对发电机各个部分进行检查。发电机保护发"励磁机差动保护"、"发电机失磁"动作信号，发电机励磁调节器发"发电机励磁限制动作"、"失磁异步运行"、"发电机励磁调节器故障"信号，信号可复归。发电机励磁系统的非线性电阻柜体有放电痕迹，其他无异常。

为查清事故原因，保证发电机安全运行，值长请示省调机组解列。

事故原因：

(1) 造成锅炉灭火的原因是5号发电机失磁保护配置不完善。由于发电机保护改造时没有对原保护的配置做认真研究，只知道该发电机在失磁时可以异步运行，就机械地延续下来，且将灭磁开关联跳发变组高压侧开关的回路取消，对失磁保护的其他出口，如减负荷、跳厂用分支也没有实现。因此发电机满负荷失磁后，保护不能根据运行方式自动地减负荷和切换厂用电，致使发电机有功负荷摆动，发电机深度进相。从录波图上看出，厂用电压下降至60%额定值时，母线低电压保护动作，切除母线上惟一整定为低压65%额定值、0.5s动作的排粉机，造成锅炉灭火。由于其他电动机不接入母线低电压保护，或整定为低压45%额定值、9s动作，因此没有切除。

(2) 非线性电阻放电烧损的原因主要是非线性电阻质量不过关，反向击穿电压过高，能容不足。当发电机接近满负荷时，灭磁MK开关跳闸，发电机转子线圈将产生较高反向过电压。但因非线性电阻击穿电压值过高，该反向电压不足以达到击穿值，致使非线性电阻承受相当高的电压，对柜体放电。当电压上升到一定程度时，非线性电阻导通，必将承受较大的续流，另外灭磁MK开关没能联跳2205开关，失磁发电机由于出现转差，定子旋转磁场还对转子励磁绕组感应交流电压，非线性电阻又叠加差频电流，导致其过载而烧损。

七、变压器内短路事故

这是某厂2号主变压器高压侧出口短路造成变压器损坏，瓦斯保护动作的事故案例。

某厂2号主变压器型号为SFPSLO−240000/220三绕组自耦变压器，容量为240000/240000/120000kV·A，变压器为强迫导向油浸风冷、铝线、薄绝缘结构。

事故时，天下毛毛小雨。事故之前曾因20kV系统线路故障，2号主变压器送过几次故障电流。随后，由于110kV系统一条送出线断器器C相系统母线短路，母线电压降低，各台发电机强励动作。本厂1号、2号两台100MW发电机通过2号主变压器110kV中压绕组向故障点发出巨大的短路电流。各台发电机断路器相继跳闸。2号主变压器重瓦斯保护动作，跳开三侧断路器及厂用分支断路器、发电机灭磁开关。事故跳闸后，2号汽轮机超速保护动作，自动主汽阀关闭，后因挂不上闸，停止机炉运行。在切除外部故障点后，对2号主变压器进行外部检查，未发现异常，2号机、炉重新点火启动。汽轮机定速后，对2号主变压器作零起升压试验，当发电机定子电压升到6kV时（额定电压10.5V），定子电流突增到电流表满度，变压器重瓦斯保护再次动作跳闸，至此，机组停机、停炉。

事故造成了严重的损失。因短路电流使2号主变压器中压绕组严重变形，致使匝间短路而损坏，绕组压环翘曲，垫块脱落，经长达两个月的现场抢修才恢复运行，损失电量1.1亿万kW·h。在停运期间，对附近的煤矿等重要用户的安全供电带来了极大威胁。

造成事故的原因是：变压器本身为铝线、薄绝缘，强度不够，以及绕组压环压紧力不够承受因出口短路而引起的短路电流冲击。另外，由于没有采取必要的防污闪措施，造成污闪接地短路事故。

事故中暴露出以下问题。

(1) 没有按计划申请清扫，检修。

(2) 长期因故退出了110kV母差保护，使事故扩大。

(3) 事故当时，弧光、响声惊动了全厂，四台100MW机组强励动作并都跳闸，可见短路电流是很大的。流过巨大的短路电流的铝线薄绝缘变压器又发生了重瓦斯掉闸，理应立即停运，进行必要的试验和吊罩彻底检查。在主变压器重瓦斯保护动作后，不经过慎重的电气试验，仅从外部检查未发现问题就盲目重新投运，即使是作零起升压试验也是不妥当的。

八、MFT事故

某电厂4号机组电负荷65MW，主汽压9.45MPa，主汽温537℃，各保护投入，其他各参数正常。4号炉甲、乙引风机，乙、丁制粉系统运行；丁排粉机投入压力自动。10：47，首发信号炉膛"火焰丧失"，4号炉MFT。对设备、系统全面检查后，4号炉于10：57重新点火启动，11：35机组重新并网。原因分析：4号炉在低负荷时由于煤质突然变差，炉膛热负荷降低、炉膛风压下降，丁排粉机入口挡板自动开大，运行人员根据运行规程进行了分离器转速的调整（从220r/min降至180r/min），使煤粉变粗，进入炉膛的燃料量增加，炉膛热负荷增加，炉膛风压提高，但由于煤粉变粗，使着火距离拉长。同时，旋流蜗壳式喷燃器在低负荷及煤粉浓度较稀的情况下，造成着火不稳，使火检检不到火，造成锅炉MFT动作。

事故原因：①运行规程不合理，在低负荷情况下，无论是煤质变差或进入炉膛燃料数量减少，通过煤粉分离器调整虽然能使进入炉膛的燃煤增加，但同时煤粉变粗，不利于稳定燃烧；②4号机组长期在最低稳燃负荷65MW左右运行，电量计划安排不合理，并且旋流蜗壳式喷燃器不适于在低负荷下运行；③干煤棚在因故不能投运的情况下，没有采取有效的混配煤及上煤措施，当煤种发生变化时，没有及时通知锅炉运行人员。

小　　　结

单元机组由于设备制造、安装、运行等方面的原因，难免会发生事故。随着机组容量的增加，事故产生的危害及影响也在扩大。因此，运行人员只有牢固地掌握单元机组事故的处理原则、方法，提高反事故能力，才能将事故的危害减到最小。

习　　题

1. 单元机组事故有何特点？其处理原则是什么？
2. 简述锅炉水位、燃烧等事故的现象、原因及事故处理办法。
3. 简述汽轮机水冲击、叶片断裂等事故的现象、原因及事故处理办法。
4. 简述电气事故现象、原因及事故处理办法。

上　机　操　作

对于典型事故进行操作。

参 考 文 献

1 楼波编. 单元机组运行. 北京：中国电力出版社，1999.

2 章德龙编. 单元机组集控运行. 北京：水利电力出版社，1991.

3 山西省电力工业局编. 发电厂集控运行（中级工）. 北京：中国电力出版社，1997.

4 吴季兰主编. 汽轮机设备及系统. 北京：中国电力出版社，1998.

5 容銮恩主编. 燃煤锅炉机组. 北京：中国电力出版社，1998.

6 高镗平主编. 火力发电厂单元机组集控运行. 北京：北京科学技术出版社，1991.

7 陈　庚主编. 单元机组集控运行. 北京：中国电力出版社，2001.

8 金维强主编. 大型锅炉运行. 北京：中国电力出版社，1998.

9 于国强　郑志刚　申爱兵合编. 单元机组运行. 北京：中国电力出版社，2005.